零基础玩转短视频爆款文案

郭志刚 著

天津出版传媒集团
天津科学技术出版社

图书在版编目（CIP）数据

零基础玩转短视频. 爆款文案 / 郭志刚著. -- 天津：天津科学技术出版社, 2025. 4. -- ISBN 978-7-5742-2867-2

Ⅰ. TN948.4；F713.365.2

中国国家版本馆CIP数据核字第20252RM134号

零基础玩转短视频. 爆款文案

LINGJICHU WANZHUAN DUANSHIPIN. BAOKUAN WEN'AN

责任编辑：刘　颖

出　　版：	天津出版传媒集团 天津科学技术出版社
地　　址：	天津市西康路35号
邮　　编：	300051
电　　话：	(022) 23332695
网　　址：	www.tjkjcbs.com.cn
发　　行：	新华书店经销
印　　刷：	大厂回族自治县彩虹印刷有限公司

开本 670×950　1/16　印张 12　字数 110 000

2025年4月第1版第1次印刷

定价：49.80元

前言

如今，短视频已经成为人们沟通交流、休闲娱乐和学习知识的重要媒介。在激烈的商业竞争中，抖音、快手、微信视频号、小红书、哔哩哔哩等成为主流短视频平台。在这些平台中，每天都有海量的短视频作品诞生，其中不少成为被广大观众喜爱的爆款短视频。其创作者不仅收获了很高的知名度，还得到了不菲的经济回报，有的人在短短两三年的时间内就实现了财富自由，改变了自己的人生。

在这些成功先例的影响下，许多人怀抱美好的期望纷纷进入短视频创作领域。但是，大多数创作新手在付出了大量的精力和时间后却没有得到理想的回报。许多人往往将重心放在了拍摄、剪辑及涨粉方面，却忽略了短视频文案的重要作用，在实践中自然就会出现事倍功半的结果。剧本是影视剧的创作基础，同样的道理，文案也是短视频的创作之本。没有优秀的文案，创作者很难持续做出爆款短视频。但是，很多创作新手对短视频文案的创作规律和应用技巧缺乏了解，每当进行文案创作时就感觉难以上手，这也是制约其发展的一个重要因素。

针对广大短视频创作者的共同痛点，我们邀请知名短视频运营专家和短视频文案创作高手共同策划推出了本书，着力解决"不会写文案，写不出精彩文案"的难题。本书在体例编排上科学合理，内容精练，干货满满，语言力求通俗易懂，使读者一看就懂，用了就有效，切实帮助大家提高创作短视频标题及各类短视频文案的能力，使短视频质量向爆款作品看齐。并且，我们在书中详细讲解了将短视频的文案、画面和声音结合的诸多技巧，使创作者能轻松应对这一综合艺术形式的创作要求，推出具有独特风格的优秀作品。此外，我们还在书中讲述了文案在涨粉引流和商业变现方面的重要作用及应用技巧，帮助大家实现从文案创作到涨粉引流再到商业变现的良性循环发展模式。

可以说，本书是一本不可多得的短视频文案创作实操指南，适合各类短视频从业者和对短视频创作感兴趣的人阅读学习。希望在本书的帮助下，大家能轻松掌握短视频文案创作的各种技巧，踏上成为短视频达人的成功之路，早日实现心中的理想。

目录

第1章　文案加持，零基础小白也能秒变短视频大咖

1.1　短视频红利，抓住它你就是"人生赢家"　002
  1.1.1　短视频红利的四个方面　003
  1.1.2　普通人抓住短视频红利的方式　005

1.2　优秀文案，爆款短视频的幕后推手　007
  1.2.1　优秀短视频文案的三个特点　007
  1.2.2　文案在爆款短视频中的具体作用　008

1.3　有章可循，五个创作法则助你提升文案水平　011

1.4　扬长避短，选择适合自己的文案类型　015

1.5　区分平台，了解不同平台的短视频文案风格　019

第2章 爆火有道，热门短视频都在用的高级文案思维

2.1 定位思维：牢记你的赛道和特色优势　　024

2.2 故事思维：用有趣的故事俘获粉丝的心　　028

2.3 新闻思维：像知名记者一样有热点必现身　　032

2.4 情感思维：爱恨情仇总有一样能打动观众的心　036

2.5 服务思维：如金牌服务生般热情服务大众　　040

第3章 标题制胜，一句话就燃爆短视频的标题创作技巧

3.1 爆款短视频标题创作原则　　046

3.2 用标题直击观众心中的痛点　　050

3.3 让观众产生好奇心至关重要　　055

3.4 在标题中巧妙利用热点信息　　060

3.5 用对比式标题打开观众的心门　　064

3.6 凡是利己的标题人们都爱看　　069

第4章 掌握技巧，你也能量产爆款短视频文案

4.1 小白不可不知的五个文案创作原则　　074

4.2 知识分享类短视频文案创作技巧和结构　　079

  4.2.1 知识分享类短视频文案创作技巧　　080

  4.2.2 知识分享类短视频文案结构　　082

4.3 体验测评类短视频文案创作技巧和结构　　084

		4.3.1 体验测评类短视频文案创作技巧	085
		4.3.2 体验测评类短视频文案结构	087

4.4 才艺展示类短视频文案创作技巧和结构　089
  4.4.1 才艺展示类短视频文案创作技巧　089
  4.4.2 才艺展示类短视频文案结构　092

4.5 生活记录类短视频文案创作技巧和结构　094
  4.5.1 生活记录类短视频文案创作技巧　095
  4.5.2 生活记录类短视频文案结构　097

4.6 情感类短视频文案创作技巧和结构　098
  4.6.1 情感类短视频文案创作技巧　098
  4.6.2 情感类短视频文案结构　100

4.7 娱乐搞笑类短视频文案创作技巧和结构　102
  4.7.1 娱乐搞笑类短视频文案创作技巧　102
  4.7.2 娱乐搞笑类短视频文案结构　104

4.8 社会热点类短视频文案创作技巧和结构　106
  4.8.1 社会热点类短视频文案创作技巧　107
  4.8.2 社会热点类短视频文案结构　109

4.9 影视解说类短视频文案创作技巧和结构　110
  4.9.1 影视解说类短视频文案创作技巧　110
  4.9.2 影视解说类短视频文案结构　112

第5章　从文案到荧屏，爆款短视频是文、画、音的完美结合

5.1　文、画、音配合好，短视频才合格　　116

5.2　好文案要能讲出画面背后的深意　　120

5.3　文案助力，声音魅力更难挡　　124

5.4　文字排版，传达作品主题的好帮手　　127

5.5　善用工具美化画面，提升文案感染力　　130

第6章　涨粉引流，都离不开文案的精心设计

6.1　金句引流，让你的粉丝量飙升　　134

6.2　有文案准备的互动才能引来"真爱粉"　　137

6.3　话术巧妙，粉丝黏度才会更高　　141

6.4　真诚的背后是精心的语言准备　　144

6.5　在聊天中挖掘出粉丝的需求　　147

第7章　短视频变现，文案就是你最好的"印钞机"

7.1　爆款带货短视频文案的创作技巧　　152

7.2　付费课程拼的就是内容　　157

　　7.2.1　课程设计技巧　　157

　　7.2.2　文案创作技巧　　159

7.3　文案吸睛，短视频广告才"吸金"　　163

	7.3.1 硬广告文案创作技巧	164
	7.3.2 软广告文案创作技巧	166
	7.3.3 贴片广告文案创作技巧	168
7.4	不容忽视的短视频平台补贴	171
	7.4.1 现金补贴对作品的要求及文案创作技巧	172
	7.4.2 流量补贴对作品的要求及文案创作技巧	173
	7.4.3 活动补贴对作品的要求及文案创作技巧	175
	7.4.4 资源补贴对作品的要求及文案创作技巧	177
7.5	内容出版，名利双收	179

第1章

文案加持,零基础小白也能秒变短视频大咖

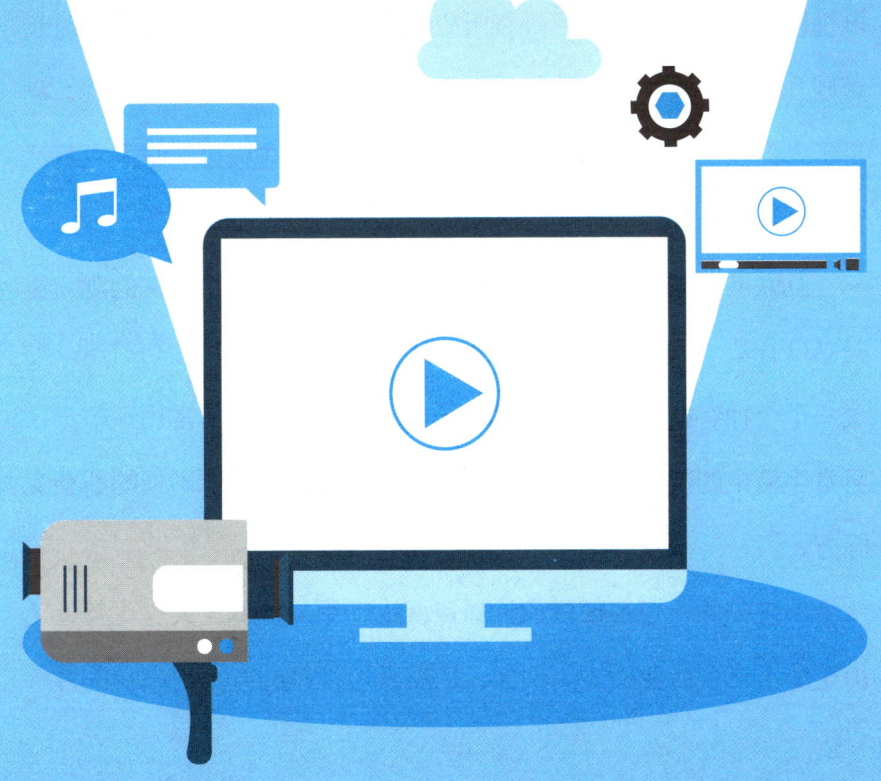

1.1 短视频红利,抓住它你就是"人生赢家"

近几年来,短视频逐渐成为一种流行的视听娱乐方式。与传统电视剧、电影、综艺节目等视听娱乐方式相比,短视频作品的时长短则几十秒,长则两三分钟,并融合了特效、音乐等艺术形式,满足了人们快节奏的工作和生活需求。因此,它在极短的时间内就风靡全世界,成为人们休闲放松和学习中重要的一部分。

互联网上每天都会涌现难以计数的新作品,浏览欣赏的观众更是难以计数。人们在欣赏精彩短视频的同时还能随时参与讨论,形成一个个拥有共同有趣话题的圈子。此外,人们也常常用手机记录日常生活中的美好瞬间并分享给亲友,形成了与以往不同的新型交际方式。

不仅如此,短视频依靠传播速度快、用户群体庞大等优势,还衍生出了诸多商业模式。例如,厂家以短视频的方式把商品的各种特性展示在消费者面前，拉近了与消费者之间的心理距离。短视频平台也能为厂家提供目标消费人群的喜好等调查数据和推广建议，帮助厂家推广他们的商品。很多网红达人凭借庞大的粉丝量帮助厂家提高了商品的品牌影响力和销量，自己也获得了较高的收益。

1.1.1 短视频红利的四个方面

可以说，短视频为普通人带来了诸多红利，使大家有了更多出圈、获得回报的机会。具体来说，这些红利主要表现在以下几方面。

1. 入行要求低

从事传统媒体创作或创业需要有较高的专业技能、丰富的经验以及大量的时间，还经常需要团队成员的配合。与之相比，短视频创作这一行业的门槛要求偏低，创作者不需要专业团队的支持配合，也无须购买专业影视摄录设备，在手机上就能完成短视频的拍摄、剪辑、上传和日常管理等工作。这使得很多非专业人士能随时随地进行短视频作品的创作工作。

2. 投资少且推广效率高

各大短视频平台都开发了各种创作工具，如用于视频剪辑、音频剪辑、图片处理、文本审核、特效处理等软件，帮助创作者大大减少了后期制作的时间和经济成本，有利于创作者将更多的精力用在策划更优秀的作品上。另外，短视频平台都有属于自己的作品审核和推广机制，能在极短时间内将作品推送给目标用户，并能根据用户的互动反馈决定是否给该作品更多的曝光和推荐机会。这些高度智能化的平台管理系统帮助创作者节省了大量的推广费用，提高了创作效率。

3. 利于展示自身才华

与传统媒体相比，短视频为大众提供了十分广阔的展现才华的舞台。每个人都可以在短视频平台上展现自己的特长，如绘画、书法、篮球、跑步等。尤为可贵的是，人们利用短视频展现自己时不需要有多么杰出的成就，也不需要各种权威证书的认证，而且随时随地都能即兴创作和发布作品。这种方式有利于创作者快速将自己的所思所想和才艺展现给观众，并及时得到相应的反馈，形成良好的互动形式。

4. 收益方式多样化

短视频作为新媒体的一种主要表现形式，能为创作者提供多种变现方式，切实地提高了创作者的综合收入。例如，创作者能在短视频中进行广告推广，获得广告收益；能以超高的作品点击量获得平台给予的奖励补贴；还能向粉丝推荐性价比高的商品，获得销售收入分成；更能在直播中获得粉丝的打赏，等等。可以说，短视频创作者面对的是一个前景无限广阔的发展空间，只要付出努力，就能获得应得的收益。

1.1.2 普通人抓住短视频红利的方式

对于普通人来说，运营短视频是一个较为理想的低成本创业方式，能在很大程度上减轻创业压力和风险。但是，普通人只有做到了以下四点才能牢牢地抓住短视频红利，在这个领域中达到较为理想的成就。

1. 大量积累感性认识

俗话说"见多识广"，这个道理对于短视频创作也同样适用。在这个领域中，有无数的短视频作品供人欣赏，类别极其丰富，很好地满足了各种人群的不同欣赏需求。因此，有志于进行短视频创作的人就要拿出较多的时间，认真欣赏各类短视频，体会各种风格作品的特点，并记录下自己的真实感受。大量的观摩能帮助创作者更好地了解短视频这一新媒体形态，对各种人群的欣赏需求有较好的把握，有利于日后的短视频创作和运营。

2. 认真学习短视频领域的知识

如今，短视频创作和运营已经形成了一个庞大的知识体系，包括短视频创意、文案创作、拍摄和后期制作、吸粉及互动、运营变现等多种细分领域。有志于从事短视频创作的人不能只靠满腔热情进行创作，而是要利用多种途径积极学习相关知识。例如，创作者可以通过视频教程、图书及线下求教等方式学习这些知识，提高创作能力，推出受观众欢迎的高质量作品。

3. 选择适合自己的赛道和风格

国内的短视频平台主要有抖音、快手、微信视频号、小红书、哔哩哔哩等，它们的平台定位和短视频创作及运营规则各不相同，其旗下短视频达人的具体成长路径和风格也有明显的差异。因此，新手创作者要对各个平台的特点进行详细分析，结合自己擅长的内容，选择一个适合自己的短视频平台作为主要发展舞台，重点了解平台中各个赛道的发展情况和优秀达人的作品等，结合自己的优势确定创作风格和具体赛道。

需要注意的是，新手创作者还要认真学习平台的短视频创作和运营规则，以更好地了解平台的管理机制，做到合规运营短视频账号，以免因违规而受到平台处理。

4. 坚持长期创作和运营短视频

短视频创作虽然具有低门槛、低成本、易上手等优势，但是新手创作者想要成为拥有巨大影响力和众多粉丝的头部达人，则需要秉持长期主义的理念深耕其中。新手创作者要多结合短视频平台提供的作品及账号的数据分析功能，并根据粉丝的真实反馈，不断修正自己的创作方向，持续提高作品创作能力，使自己的作品更契合目标人群和粉丝的需求。只有这样，创作者才能逐渐提升粉丝量和影响力，得到更多的变现机会。

1.2 优秀文案，爆款短视频的幕后推手

在各大短视频平台中，每天都会产生海量的作品，其中不乏爆款作品出现。人们在为这些优秀作品拍手叫好的同时，经常会忽略它们成功的一个关键因素：高质量的文案起到了至关重要的作用。可以说，一个短视频能不能爆火取决于文案是否精彩。

那么，什么是短视频文案呢？简单来说，它就是创作者为制作短视频而撰写的文稿的统称，包括标题、字幕、旁白、对话、话题标签和创作脚本等。一般来说，优秀的短视频文案都有着大致相似的特点。短视频创作者将其熟练掌握后有利于提升自己的作品质量和影响力。

1.2.1 优秀短视频文案的三个特点

1. 精练

短视频的时长较短，这就要求文案能在较短的篇幅内表达出创作者的思想观点，还要有较强的说服力，使观众观看后能产生认可和共鸣。

2. 生动有趣

短视频诞生时就自带强烈的娱乐性，那些深受观众欢迎的爆款短视频也都具有较强的趣味性。因此，创作者在撰写文案时要力求以生动活泼的方式呈现出视频重点，展现自己的核心观点，以吸引更多的观众，提高作品影响力。

3. 互动性强

短视频具有很强的互动参与性，观众在浏览短视频时，常常会根据自己的体验进行点赞、评论或转发等行为。短视频平台也会根据观众的这些行为评判作品的质量，给予短视频账号不同的流量扶持。因此，创作者在撰写短视频文案时都会适当加入一些与观众互动的内容。例如，在文案中设置一些问题以吸引观众浏览后发表评论；又如，在短视频的结尾处设置一些悬念，吸引观众浏览下一个作品等。

1.2.2 文案在爆款短视频中的具体作用

可以说，每一个爆款短视频背后都有优秀的文案做支撑。它们为创作者持续创作优质短视频起到了多方面的助力作用。

1. 利于创作者梳理思路

每一个爆款短视频中都蕴含着创作者独到的见解和清晰的创作

思路，而这些都离不开文案的帮助。具体来说，文案工作有助于创作者在制作短视频前整理自己的思路，用更通俗易懂的方式表达自己的所思所想，也便于创作者反复推敲自己的想法，使表述方式更有条理性和说服力。

2. 利于提升作品的数据表现

在各大短视频平台中，每一个短视频发布之后，系统都会记录并分析用户对该作品的点击、浏览、完播、互动等情况，并形成数据，以此作为衡量作品质量的依据。而优秀的文案能帮助创作者在制作短视频时，加入适当的互动元素，以提高用户的浏览兴趣和互动积极性。例如，创作者会在文案中加入鼓励粉丝在评论区留言的话语，还会对提供优秀选题的粉丝表示感谢，甚至邀请粉丝一同制作短视频等。这些方式都能有效拉近创作者与粉丝之间的心理距离，提高作品的影响力和数据表现。

3. 便于营造特定的感情色彩

那些爆火的短视频往往具有丰富的感情表现力，能影响观众的内心情感和立场，引发他们的共鸣。其创作者常常通过文案创作把握准确的感情基调和语言表达方式，使文案和视频画面、音乐音效等共同形成和谐统一的感情基调，渲染较强的情绪氛围，使观众在观看时产生相同的情绪变化。

例如，创作者在讲述见义勇为等正面事迹时，运用饱含赞赏的语调和激情的文字描述，并配以令人感动的背景音乐以及见义勇为者接受采访时的视频片段，就能更好地衬托出见义勇为者的勇敢和热心，使观众在观看时产生敬佩之情。

4. 便于提示重点内容

短视频综合了视频、图片、文字、声音等元素，包含了丰富的信息。创作者还可以利用添加文字、对白等方式，更准确地表达自己的所思所想，甚至还能添加一些与核心观点相关的词句，加深观众的印象；还能以图表等方式向观众展现短视频内容中事物发展的顺序或人物之间的关系，使观众更容易理解所讲事情的前因后果等。创作者综合运用这些方式，能使观众更轻松地欣赏自己的作品，给他们以良好的欣赏体验。

5. 利于提高个人品牌形象

短视频作品不仅向观众传递了具体的信息内容，给观众带来娱乐或知识体验，还是树立创作者个人品牌形象的最佳方式。因此，创作者在创作文案时，可以根据短视频内容适当加入有鲜明个人风格的标志性信息。例如，创作者会在短视频中讲述事情时，加入提示性的话语，如"如果你有这件事情的一手资料，欢迎和我联系"或"如果你有不同的看法，欢迎在评论区留言"等；或者提到自己坚持的原则，如恪守事实、秉持公正等。这些元素都需要创作者在创作文案时精心设计，这样才能在短视频发布之后取得较好的传播效果。

1.3 有章可循，五个创作法则助你提升文案水平

现如今，短小有趣的短视频已经成为人们重要的消遣方式之一。其中爆款短视频更是在短时间内就能赢得广大人群的赞誉和转发，其创作者也因此获得了很高的知名度和丰厚的经济收益，他们的成功吸引了许多人加入这个行业中。然而，随着越来越多的人加入，这个行业也越来越卷。创作者想要提高自己的影响力，就需要熟练掌握以下五个短视频文案的创作法则，努力提升自己的文案创作能力。

1. 文案要简短明了

短视频的时长比传统影视作品要短很多，这也是其优势之一。它能够在短短的几秒到几分钟内讲完一个相对独立的故事或观点。这种视频形式契合了当下人们碎片化娱乐的习惯，在短短几年内就风靡全世界。因此，在创作短视频文案时作者应结合这个特点，在

尽量短的时间内清晰地表达自己的观点，展示自己的短视频内容。

例如，创作者如果要准备一份演讲稿，可能需要写出能讲十几分钟甚至更长时间的内容，但在进行短视频文案创作时，时长最好在三分钟以内。倘若时间过长，观众很有可能会中途把视频划走。

2.文案要"接地气"

"接地气"是比较口语化的说法，原指人们亲近自然、接近大地的状态，现在常用来指文艺作品要和普通民众保持紧密联系，这样才能真实地反映普通人的实际生活和情感需求。同样，在短视频领域也要遵循"接地气"原则。

各大短视频平台的用户主要是普通人，那些贴近现实生活、真实反映人们需求的"接地气"作品才会受到网友的欢迎。同时，在涉及较为专业或深奥的话题时，创作者应采用通俗易懂的语言，并将内容生动有趣地呈现出来。许多成功的头部网红在这方面做得非常出色，他们能够将专业知识以轻松有趣的方式讲解给网友听，或者运用通俗且搞笑的语言来赢得网友的喜爱。相反，如果创作者在短视频中的表达过于难懂或以居高临下的态度讲述，就很难赢得用户的认可和支持。

3.展现独特个性化的风格

各大新媒体平台上都有海量的短视频作品，用户的喜好也呈现出极大的差异。有人喜欢乡村生活风格的内容；有人对各种模仿秀和搞笑作品情有独钟；还有人在闲暇时喜欢欣赏通俗有趣的历史知识分享；也有人热衷于观看各种汽车和电子商品的测评，等等。面对如此复杂多变的需求场景，创作者要为自己打造出一个个性鲜明的标签，以此在无数竞争者中树立起独一无二的 IP 形象，并吸引特定群体的关注和喜爱。例如，某短视频达人通过复古风格的妆造和精心制作的传统器具向国内外网友展示了中华传统文化的魅力，赢得了上千万粉丝的喜爱；某娱乐达人则以搞笑幽默的风格吸引了大量粉丝，在为粉丝带来欢乐的同时，也以娱乐的方式成为顶流带货网红。

4. 内容丰富有料

"有料"是指创作者发布的短视频作品具备较高的价值。这些价值可以体现在多个方面，如信息传递、知识普及或情感共鸣等。当一个短视频中包含了密集的信息时，能让观众在观看过程中获得心理上的满足，进而对创作者的其他作品产生兴趣，甚至转化为忠实的粉丝。例如，某著名国际政治学教授常常以通俗易懂且风趣幽默的方式向大众普及国际政治关系的相关知识，他在每个短视频中都能针对当前国际形势提出独到的见解，使粉丝在轻松愉快的观看氛围中增长知识和拓宽眼界；某著名退役军事专家以深厚的军事学术素养和深刻的时事洞见而深受粉丝的欢迎，很多人还将他的一些经典话语做成网络表情包传播，充分体现了对他的喜爱之情。

5. 遵守平台规则和社会规范

"网络空间并非法外之地"，这句话对于所有创作者来说已经是耳熟能详了。但是，在现实中有许多创作者虽然遵守了法律，却因忽视平台规则和社会公序良俗而导致账号被限流甚至封禁。例如，在某些短视频中经常出现一些违反交通法规或安全常识的画面。这些行为不仅存在安全隐患，还有可能对观众产生一定的误导。短视频中一旦出现类似情况，就会被平台监测系统识别，并对账号进行相应的处罚。

此外，使用了违禁词汇等行为也会触犯平台规则，导致作品限流甚至下架。更为严重的是，有的创作者发布的作品内容违反了社会公序良俗，引起公众的反感和投诉，导致账号被封。因此，短视频创作者应了解相关的法律知识，提高自己的法律意识，遵守平台规则及社会公德，以确保自己的作品能得到顺利推广，赢得越来越多网友的认可和喜爱。

1.4 扬长避短，选择适合自己的文案类型

在各大短视频平台中，每天都有许多新人加入创作者的队伍，希望向大众展现个人才艺或记录真实生活，进而提高知名度及收入。许多新手创作者在尝试创作时会面临一个棘手问题：自己应该选择什么类型的文案才利于短视频创作呢？

短视频文案种类多样，从风格来看，既有抒情风格和唯美风格，也有贴近生活的纪实风格，等等；从篇幅来看，有的文案虽然短小精悍，但深受观众欢迎，有的文案看似篇幅较长，但也有许多拥趸……面对如此繁多的文案类型，新手创作者不宜照搬其他达人的风格，要从自己的特长和赛道需求出发，选择能展现自己风格的文案类型。一般来说，新手创作者可以结合以下几个原则选择适合自己的短视频文案类型。

1. 结合赛道选择相应文案类型

短视频有许多赛道，每个赛道中还能细分出多个不同方向或侧重点的领域。它们有着各自不同的内容和创作要求，相应的文案类型也有较大差异。

例如，美食赛道中的探店领域对文案创作的要求是简练、生活化、场景化，并突出美食特点，以中立的态度点评美食，切忌行文冗长。又如，旅游赛道中的人文景点游览领域则要求创作者在文案中讲出景点的人文底蕴与传奇历史故事，文案要有趣味性、知识性，并能和旅游攻略结合，给观众带来丰富的知识和旅游建议。

2. 结合目标人群的特点选择文案类型

新手创作者在确定了短视频赛道之后，就会大致明确作品的目标人群范围。此时要做的就是仔细分析该目标人群的年龄、性别、浏览习惯等特征，并以此作为选择短视频文案类型的重要依据。

例如，有的创作者选择的是国学赛道中的传统文化普及领域，目标人群是广大三四线城市的中老年人群，这类短视频作品的文案就要通俗易懂，用老年人听得明白的大白话讲述国学经典智慧，并在讲述中加入老年人较为重视的亲情、友情等生活案例。又如，有的短视频创作者以面向年轻人群为主讲述职场及成长智慧，这类短视频文案就要能结合年轻人的工作和实际生活，以新颖的案例和有代表性的事实为佐证，语言轻松，论点精辟，能给观众以启发和帮助。

3. 结合自己的创作优势选择文案类型

每一位短视频创作者的成长经历和知识积累都不相同，他们所擅长的具体领域也不一样，作品风格也有很大差别。因此，创作者在选择文案类型时要充分考虑自己的学识经历和优势，扬长避短，创作出有鲜明个人风格的热门作品。

例如，有的创作者善于即兴演讲，他们在选择文案类型时，就可以单人出镜讲述视频内容或表达观点为主，在文案创作时要讲清每个作品的内容要点，并明确话题范围，以免讲述时跑题。又如，有的创作者善于写长篇文章，但不擅长出镜讲述，他就可以选择将视频资料与软件配音结合的方式讲述历史人物或纪实人生故事等内容，这类文案要求事实确凿，细节丰满，语言通俗有趣。

4. 考虑文案的创作难易程度和持续性

有的创作新手会被一些制作精良的爆款短视频所吸引，试图仿照创作类似作品，但是在文案创作阶段就遇到了很多难题。那些切换的复杂场景、含有较高制作技巧的特效、多人演绎的剧情等都会大幅度增加文案创作的难度。这些内容主要是由短视频创作经验丰富的人精心制作而成，其文案创作工作也有着较高的门槛，并不适合新手创作者尝试。因此，新手创作者应该结合自身的条件及资源情况选择难易程度适中、适合发挥特长的文案类型，以利于长期发展和持续提高创作能力。

5. 拓宽视野，从更广范围选择文案类型

在短视频平台中，流行的创作类型和风格在不断地发生变化，新的赛道和创作形式不断出现，适当的跨界创新也成为短视频文案的发展趋势。新手创作者不妨将自己的优势与其他热门赛道结合，创作出更加新颖的文案。

例如，创作者可以将诗歌与旅行结合，每到一处风景名胜，就将自己的美好感受和体验以有创意的诗歌展现出来。又如，创作者还可以将探索解谜与影视作品结合，创作出另类解读影视剧情的作品，以增加账号的个性风格和吸引力。

1.5 区分平台，了解不同平台的短视频文案风格

短视频平台，即向用户提供上传、浏览、分享短视频以及互动等功能的互联网平台。它们是连接观众和创作者的纽带，是推动短视频行业发展的推手，也是诸多网红达人迈向成功之路的幕后功臣。经过十多年的激烈竞争，目前我国主流短视频平台有抖音、快手、哔哩哔哩、小红书、微信视频号等，它们主导着短视频的发展方向，对广大用户群体和创作者具有很大的影响力。这些平台的定位、主要用户群体、功能及发展历程各有不同，展现出来的短视频内容偏好及文案风格也有很大差异。因此，新手短视频创作者在步入该领域之初，就要对各大短视频平台有较为深入的了解，使文案和短视频作品符合平台的要求，以获得更多的流量支持和发展机会。

1. 抖音——追求潮流，富有娱乐性

自成立以来，抖音一直追求潮流和娱乐性，逐渐成为深受广大年轻用户喜爱的短视频平台。抖音的算法机制强大且高效，可以实时分析用户的观赏和互动数据，并结合用户注册时选择的兴趣爱好等内容，为其推送相应的短视频作品，极大地满足了用户的观看需求。另外，抖音还提供了海量的音乐素材和图片、视频素材，以及简单易用的短视频创作工具，使人们能随时随地创作作品并上传分享。

抖音的用户群体已从最初的年轻人群扩展到了中老年人群，用户数量高达数亿。抖音的短视频作品大多十分有趣，具有较强的娱乐性和新鲜感。因此，抖音平台的创作者在撰写文案时，要注意与当下最新流行的事物或时事热点相结合，多使用幽默、有创意的文案风格，这样会更受观众的喜欢。

2. 快手——接地气，触发情感共鸣

快手在国内短视频领域的影响力仅次于抖音。它自创立至今就鼓励用户发布记录生活和工作的短视频作品，也由此营造出了展现各地区人们生活风采的社区氛围。快手在国内三四线城市以及广大农村地区拥有庞大的用户群体，他们特别喜欢快手中展示的真实生活，如农村家庭日常生活、小镇青年的日常点滴等都十分受欢迎。

因此，快手中爆火短视频的共同特点是接地气、真实、质朴，能很好地触发用户的情感共鸣，并传递社会正能量。创作者在快手

平台创作作品时，要注重在文案中体现出地域文化特色，发掘普通生活中真实感人的故事，弘扬社会正气等。例如，创作者可以用家乡的方言、乡愁的寄托等文案传递对家乡的关心，展现赤子之情，使更多的用户产生相同的情绪。

3. 哔哩哔哩——大胆出奇，展现年轻人的多元文化

哔哩哔哩成立于 2009 年，是深受年轻用户群体欢迎的视频社区，被广大网友称为 B 站。它早期以动画、漫画和游戏相关等二次元文化内容为主，如今已经发展为国内首屈一指的多元文化视频平台，以丰富的兴趣圈子、充满想象力的作品、弹幕文化和深度社区互动为特点。

它的用户群体以年轻人为主，他们喜欢有趣、大胆创新且有一定深度的文案作品，并对玩梗十分热衷。同时，他们也希望能看到有助于提升知识和能力的优质的视频作品。因此，哔哩哔哩创作者在撰写文案时，最好结合热门的二次元文化，借鉴流行的弹幕语言，并加入大胆出奇的想象元素，以生动活泼、不拘一格的方式进行深入浅出的讲解，贴近年轻人的喜好。

4. 小红书——年轻女性的"种草"圣地

小红书平台成立于 2013 年，起初只是针对大众出国旅游的海外购物分享社区，后来逐渐成为国内首屈一指的商品"种草"及生活方式分享平台，是广大年轻女性购物、生活与分享的首选网站。

如今，小红书上每天都会产生大量分享生活以及"种草"商品

的短视频作品，其中有不少短视频因真实、有用、优质而成为爆款作品。小红书的用户喜欢看有用、有品位、能引起情感共鸣的短视频作品，展现高品质生活、讲述潮流动向、美容美妆、旅游美食乃至女性情感及商品"种草"等类别的内容常常受到用户的欢迎。因此，创作者从以上角度出发，创作出侧重体现真实体验、个人经验及对美好生活向往的文案，会更受小红书用户的欢迎。

5. 微信视频号——注重正能量输出，有较强的社交属性

微信视频号诞生于 2020 年，是腾讯公司推出的基于微信平台的短视频社区，便于微信用户浏览和发布作品。微信视频号虽然运作时间较短，但它依托微信平台的支持，发展十分迅猛。微信视频号的流量入口传播力度很大，拥有强大的社交裂变能力，对创作者运营私域流量十分有利。它的用户群体是所有使用微信的人群，其中以中青年群体为主。他们虽然在年龄、职业、兴趣等方面有很大的差异，但对好友分享的短视频有较高的信任度和互动意愿。

微信视频号的用户群体对正能量、接地气、能引起共鸣、有一定实用性和权威性的作品较为欢迎。因此，微信视频号的短视频文案要能贴近生活、展现真实情感、有一定实用性。另外，微信视频号也成为人们关注最新时事热点的一个重要渠道，创作者应采用简练、直击事件核心的手法创作这类短视频文案。

第 2 章

爆火有道，热门短视频都在用的高级文案思维

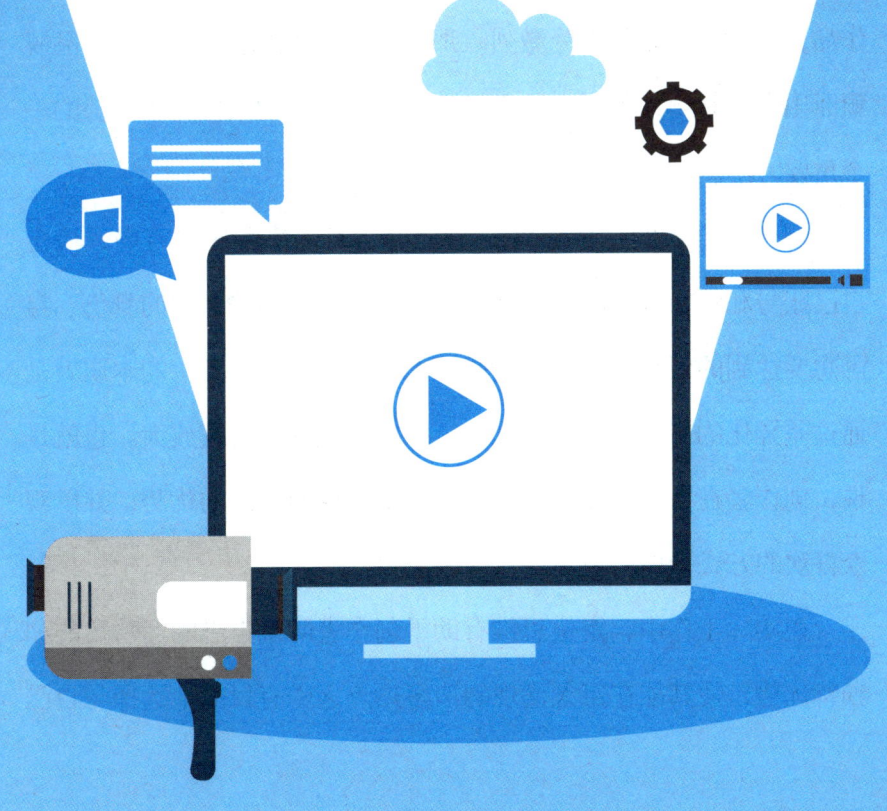

2.1 定位思维：牢记你的赛道和特色优势

在短视频领域，数量庞大的创作者每天都会发布海量的短视频作品，同行之间竞争十分激烈。那么，如何才能够使自己的作品脱颖而出呢？其中，善用定位思维就是头部达人们取得竞争优势的一个重要方法。

定位思维指的是创作者要明确自己的优势和发展方向，确定自己账号和短视频作品的行业位置和特色，即明确自己的身份、自己想要达到的效果以及实现这种效果的具体方法。定位的本质就是通过差异化的方式取得竞争优势，并将这些优势持续放大。也就是说，创作者在每一个短视频作品中都要体现出自己的优势，并以观众喜欢的方式呈现出来。

在实际工作中，定位思维有助于创作者明确自己的运营目的和独特优势，使其能在每天涌现的诸多热点之中有目的地选择与自己的赛道和期望相关的选题，避免盲目跟风，使作品保持类别的一致性，有助于观众持续关注其账号及作品，并了解和接纳创作者的个人品牌和风格，有利于提高粉丝转化率及互动热度。

一般来说，那些当红达人们在创作短视频文案时，常常从以下角度运用定位思维。

1. 牢记自己的赛道定位

每一位短视频创作者都有自己固定的创作领域，这就是他的赛道定位。例如，有的健身爱好者会选择户外徒步健身这一领域，有的美食爱好者会将旅行和美食合二为一进行创作。在这些赛道之中，每一位短视频创作者都有较为丰富的专业知识和综合竞争优势，他们会力争每一份文案都能体现出自己的优势，利于在长期的创作中形成大量有影响力的作品。相反，倘若创作者忽略了自己的赛道定位，那么他创作出来的短视频文案就会出现定位模糊的情况，从而降低了作品的独特性和竞争优势。

2. 结合目标人群定位进行创作

目标人群是创作者希望自己的作品能够吸引的人群，他们主要是创作者所选择赛道的爱好者。目标人群的数量和对短视频作品的反馈是决定作品能否爆火的关键性因素。因此，创作者在创作短视频文案时，要考虑到目标人群的特点和爱好，如年龄、性别、内容偏好等，尽可能地创作出受欢迎的文案和短视频。例如，女性情感话题的目标人群主要是二十多岁至四十岁之间的女性人群，因此这个赛道的创作者就要围绕她们关注的恋爱、婚姻、亲子等问题创作，并给出明确的解决方法，以满足她们的需求。

3. 结合自己的风格定位进行创作

每一位创作者都有自己独特的个性，这集中体现了他的创作优势和独特魅力，也是创作者在赛道之中形成鲜明个性标签的重要途径，有利于创作者取得差异化的竞争优势。因此，创作者在进行文案创作阶段就要考虑到自己的风格定位，并将其融入具体的文案内容和视频制作之中，使作品能在传达具体内容时形象生动地体现其风格，从而在同类作品之中脱颖而出，受到观众的欢迎。

例如，走搞笑路线的创作者可以在文案之中加入幽默段子、当下热门的网络梗等；以讲述道理见长的创作者可以在文案中加入名人名言、传统哲理等，增加短视频的说服力；以情感关怀为主的创作者，可以在文案中加入抚慰人心的优美词语，给予观众心灵的慰藉，等等。

4. 用定位思维选择赛道外选题创作角度

不同的人对待同一件事会产生不同的立场和表述方式。这个道理在短视频选题和文案创作中同样适用。创作者在选择赛道外的短视频选题时，可以运用定位思维确定具体创作角度，以达到良好的传播效果。

例如，在出现犬只伤害人的热点事件时，社会新闻类博主会将重点放在这个热点事件中吸睛夺目的细节上，如双方的身份、当时的冲突场景等；宠物类博主可以创作如何训练和管理宠物犬的短视频文案；武术健身类博主可以从普通人如何防备流浪犬攻击的角度创作短视频文案，等等。

2.2 故事思维：用有趣的故事俘获粉丝的心

很多短视频创作者在分析头部达人的作品时，常常发现他们能将一个看起来平淡无奇的小事讲得生动有趣，让观众观看后忍不住点赞或转发。其实，这就是头部达人成功的秘诀之一，即用故事思维创作文案及短视频，以吸引观众的关注，达到提升作品播放量和热度的目的。

故事思维，通俗地讲就是创作者将自己的立场和要表达的观点等内容与精彩的故事相结合，使观众在欣赏故事的同时产生认同感。那些优秀的创作者，在文案中都会巧妙设计故事情节，使观众沉醉于其中并跟随创作者的思路思考问题。所以，新手创作者也要积极学习这些成功前辈的经验，将故事思维运用于自己的文案创作之中，以有效提高作品的吸引力。一般来说，在短视频文案创作中运用故事思维的方法有以下几种。

1. 精心构思故事情节

人们都爱欣赏精彩的故事，这是一个不争的事实。曲折多变的情节能充分满足人们对新奇事物的好奇心。创作者在创作短视频文案时也要将重点放在打磨故事情节上，使故事含有令人意想不到的转折点、悬念及冲突等元素。例如，创作者在讲述社会话题时，可以通过讲故事的方式道出事情的前因后果，并在故事中设计一个或多个悬念来激发观众的好奇心，引导他们在观看短视频的过程中了解事情的原委，并与创作者产生共鸣。

在设计故事情节时，创作者可以向经典的文学作品或影视剧学习安排故事结构的技巧。例如，一个故事的常见结构包括开端、发展、高潮和结尾，在此基础上又衍生出了多种结构模式。创作者可以根据自己的实际需求选择相应的结构方式，以使故事完整且有节奏感，能更好地满足观众的观看需求。

2. 塑造丰满有个性的人物形象

主人公是故事中的核心元素，也是故事开端和高潮的主要推动者，他的所思所想也会成为观众的情感寄托。因此，创作者在创作短视频文案时要着力塑造出有独特个性的主人公形象，并用语言、行为等方式向观众展示他的故事。

例如，创作者可以着力描写主人公的某方面品性，如善良、坚忍、勇敢、睿智等，还可以通过主人公与其他人的互动和对比，展现其丰富的内心情感，方便观众了解和接受这个人物，进而对该作品产生共鸣和互动兴趣。

3. 表达真挚的情感

一个故事是否精彩，关键就在于其中是否蕴含了真挚的情感。那些能打动人心，使观众或读者产生巨大情感波澜的故事都能受到如潮般的好评。相反，如果一个故事无法在情感上触动读者的心，则会受到冷落或批评。因此，创作者在文案创作阶段就要重视发掘故事中的情感元素，并以巧妙的方式将其表达出来。

例如，有的情感类博主会将社会中感人的父子情、真挚的战友情以及人们对陌生人的关爱之情发掘出来，并生动地讲述给广大观众，使他们在欣赏短视频时产生种种情感波动，并在评论区进行大量讨论，从而提升作品热度。

4. 将观点融入故事之中

人们观看短视频主要是为了消遣或学到对自己有用的内容，较为反感长篇大论的道理说教或观念灌输。他们每当遇到这种枯燥的讲道理式的短视频往往直接划过，甚至选择不再观看该创作者的作品。因此，创作者在文案阶段就要注意避免生硬地陈述道理，而应将自己的观点或理念与故事巧妙地结合，用主人公的话语或行为传达出来。

例如，传统文化赛道的创作者在讲述古人为人处世的经验时，会先介绍一个或多个古代经典为人处世的故事，通过故事中主人公的行为引出相关的道理，使观众在饶有趣味地欣赏故事的过程中愉快地接受其中蕴含的道理。又如，健康赛道的达人在向老年人分享健康知识时，如果只是讲述饮食宜忌、生活注意事项、用药安全等内容，就显得平平无奇；如果他在绘声绘色地讲述真实健康案例的过程中加入一些有关的知识点，会更容易在老年人心中留下较深的印象，也更能得到他们的认可。

5. 选择适宜的表达技巧

一个故事之所以能打动人心，除了它本身含有精彩的情节、饱满的感情、鲜明的人物形象等因素，还离不开表达技巧的助力。也就是说，创作者要想将精彩的故事呈现给目标人群并得到积极的正向反馈，就要在文案创作阶段高度重视表达技巧的作用。这主要包括以下两方面内容。

首先，创作者要依据故事类别、主题等情况选择恰当的表达方式，达到内容与表达形式和谐统一的效果。例如，亲子赛道的达人在讲述父母与孩子之间的温情故事时，就要用温柔、舒缓、亲切的语气讲述；军事赛道的达人讲述我国抗击敌人侵略时的战争史实时，就要以慷慨激昂的语气讲述。

其次，创作者要在文案中加入对字幕、音乐等的思考和设计，以更好地服务主题。创作者在文案中要标明短视频中需要出现的短句、关键词及同期声字幕等信息，并选择与本期短视频主题相契合的背景音乐和剪辑手法，以增加短视频的艺术感染力。

2.3 新闻思维：像知名记者一样有热点必现身

如今，人们每天都被难以计数的各种信息包围着，但他们的时间和精力是有限的，只能从中选择一小部分自己需要的信息观看和分享。因此，如何能够快速准确地吸引观众的目光是每一个自媒体创作者需要重点关心的问题。很多颇有成就的自媒体达人选择采取传统新闻媒体的方式解决这个难题，即着力培养自己的新闻思维，做到善于抓住热点并创作优秀短视频文案，从而吸引更多观众的关注和互动。

新闻思维，简单来说就是短视频创作者在工作中要像记者一样，善于寻找有价值的新闻线索，将新闻背后的深层次事情发掘出来，再以大众欢迎的方式进行报道。新闻记者常被人们冠以各种荣誉，就是因为他们能为大众带来许多最新的、有价值的新闻报道。那些知名记者更是如此，他们能及时发现社会热点或有重大价值的事情，深入发掘其背后的原因，用大众喜欢的方式进行报道，为弘扬社会正气、推动社会进步起到了不可忽视的作用。

在各大短视频平台中，那些有较高新闻价值的短视频往往能在竞争中脱颖而出，使用户在观看时产生共鸣感和分享欲，提升作品的点赞量和转发量。因此，短视频创作新手也要像短视频达人那样熟练掌握新闻思维，及时抓住有价值的信息，并将其创作成优秀文案和短视频作品，传播给广大人群。具体来说，在短视频文案创作中应用新闻思维的方法有以下几种。

1. 学会抓住热点事件

社会上每天都会出现新的热点事件，主要包含大众所关心的各种话题，对大众具有天然的吸引力。短视频创作者可以从这方面入手，提高自己对新闻的敏感度和捕捉能力。各大媒体平台每天都会在首页的重要位置展现当天的重要新闻，并设置了不同种类的热点榜单，汇聚了近几天甚至1小时内的热点事件。因此，短视频创作者可以从搜寻热点榜单入手，选择适合文案主题的热点事件进行创作。

例如，美食赛道的创作者可以在国庆节前创作以"国庆旅游美食推荐"为主题的文案和作品，迎合人们在国庆假期放松之余享受美食的需求；体育赛道的博主也可以利用"国庆假期"这一热点，推出"国庆休闲健身新方式"等主题的文案和作品，满足对健康感兴趣又不想出门旅游的人群的需求。

创作者所选赛道中的热点，主要存在于媒体平台的相关行业新

闻中,具有针对性强、受众群体稳定、浏览率高等优点。这些热点非常适合成为创作者的选题来源,由此创作出的文案更容易引发观众的关注和讨论。例如,美妆赛道的博主可以结合国际时尚周、北京服装周等重大业内新闻创作短视频文案和作品,会更容易受到粉丝的欢迎。

2. 善于多角度发掘热点事件

每当有热点事件出现时,许多短视频创作者都会对其进行报道。那么,如何才能让自己的作品在众多竞争者中得到更多的关注呢?这就需要创作者善于对热点事件进行详细的分析,并选择与众不同的角度进行创作,推出令大众耳目一新的作品。具体来说,就是创作者要能从大众关心的角度、与自己的赛道和专业结合密切的角度,以及该事件的诸多社会影响等角度出发,多方分析比较后,从中选择他人没有涉及的方面进行创作。

例如,在国家发布重大荣誉获得者的新闻后,各大媒体和短视频创作者都会积极报道这一新闻,有的创作者会从爱国奉献角度创作作品,弘扬爱国情怀;有的创作者会从家庭传承角度创作作品,倡导良好的家风;有的创作者会关注这些人物的日常事迹,从平凡事情中发掘伟大之处,等等。

3. 善于发现有热点潜力的事情

短视频创作者除了要善于选择热点事件创作文案,还要学会寻找即将成为热点的事件。这些事件还处于未被广泛传播的阶段,大众还没有给予其过多的关注。倘若创作者敏锐地判断出这些事件背后的潜力,并率先创作出相关短视频,就能成为其爆火时的受益者。因此,创作者需要从以下两点出发,寻找有爆火潜力的事件。

首先,从大众关注的角度浏览新闻报道以及社交媒体上最新出现的事情,对其进行分析判断,探究其中能引起大众关注的信息。例如,在高考前夕,学习成长赛道的创作者策划与"高考政策变动及热门专业变化"相关的文案,就能吸引更多关注。倘若创作者对热门专业分析精辟、见解独到,就会获得许多观众的点赞和转发,甚至成为部分家长为孩子选择专业的参考依据。

其次,从社会变化趋势中分析大概率会成为热点的事情。这需要创作者对社会及赛道相关行业较为熟悉,能准确判断它们的发展趋势。例如,在国家严厉禁止义务教育阶段校外课程辅导的大背景下,如果创作者经常关注教培机构的动向及学生家长的反馈,就能从中寻找到有爆火潜力的事情,如有的家长反映教培机构顶风作案,希望相关部门积极查处等,很容易受到各方的关注而成为热点,创作者在第一时间创作的相关文案和短视频也有更大概率成为爆款作品。

2.4 情感思维：爱恨情仇总有一样能打动观众的心

优秀的文艺作品都有一个共同的特点：它们都蕴含着丰富的感情色彩，展现了爱恨情仇、悲欢离合等人们关心的情感主题。情感是人们内心世界的体现，所以这些文艺作品才能历久弥新，一直深受大众的欢迎。那些爆款短视频往往也都含有浓郁的情感色彩，深深地打动了广大观众的心。它们的创作者深知情感在人们的娱乐和思考中的作用，在文案创作阶段就注重契合观众的种种情感需求。其核心目的是使观众在欣赏短视频作品时能产生相似的情感体验，由此引发认同感和讨论热情。这就是情感思维在短视频创作中的体现。

一般来说，情感思维不但能够帮助创作者提高作品的情绪感染力和浏览量，还有助于创作者更好地表达个性化的情感体验，创作出更多具有个人风格的优秀作品，进而加深创作者和粉丝之间的情感联系，也有利于树立其个人品牌形象。一般来说，创作者在短视频文案创作中应用情感思维的方法有以下三种。

1. 深度发掘观众的内心情感需求

人都有七情六欲，在不同时间遇到不同事情时，会产生不同的内心情感。短视频平台中的用户数量庞大，他们的内心需求和情感变化更是千差万别。因此，在进行短视频创作之前，作者就要详细调查目标人群的个性特点和情感需求，包括他们都有哪些共同的志趣，有什么样的三观，他们的生活情况是怎样的，他们在遇到某些特定事情时产生的情感变化规律，等等。

例如，搞笑赛道的创作者就要了解自己的粉丝群体喜欢哪些形式的娱乐表演，对哪些话题有积极的回应，并以此作为创作的依据。又如，人生成长赛道的目标人群主要是年轻人，处于求学和职场生涯起步阶段，他们对取得成功、实现自我价值有着强烈的渴求；老年群体则更多地关注美好生活，对重视家庭亲情、尊老爱幼、身心健康方面有着较强的需求；宝妈群体对展现亲子乐趣、促进夫妻情感方面有较多的心理需求。

2. 精心选择能打动人心的素材

这里的素材是指短视频创作者在作品中讲述的主要事例，其中蕴含的情感直接决定了作品内容吸引力的强弱。因此，创作者在创作短视频文案时要对相关素材精挑细选，力争每一个素材都蕴含充沛的感情色彩，能更好地打动人心。创作者在选择这类素材时常常用到以下方法。

（1）选择有情感共性的素材。创作者要检查素材中是否蕴含了具有一定普遍性色彩的情感元素，即这个素材所表达的情感是否为大众所认可。例如，亲情、爱情、家国情怀等都是被大众所接受和推崇的情感。如果所选择的素材中的情感与这些公认的情感类型吻合，那么该作品就能得到观众更积极的反馈和互动，有助于提升作品热度。相反，如果素材中展现的情感元素较为另类，那么就很难在较大范围内引发观众的共鸣。

（2）选择有正能量作用的素材。对于创作者来说，选择具有情感元素的素材是一件较为容易的事情，但是想要更进一步，还要从中选择能激发人们积极向上的正能量素材。这种做法既能给予观众美好的观看体验，获得他们的反馈信息，也有助于倡导正确的社会风气。相反，如果创作者选择消极的素材进行创作，传达灰暗、悲哀、消沉等情感色彩，就会令观众看后感到心理不适，甚至引发反感。

（3）选择新颖独特的素材。人们在消遣娱乐时都有喜新厌旧的心理，因此创作者在把握了作品的情感基调后，就要优先选择新颖独特的素材，以更好地吸引观众的注意力。

例如，父母对子女的爱是永恒的主题。提到这个话题，很多人首先想到的就是"儿行千里母担忧""慈母手中线，游子身上衣"等经典名句，我们在生活中也经常看到相关的报道。创作者以此为主题进行创作时，如果选用社会上早已出现的相关事例，就会出现吸引力不佳的情况；如果采用最近发生的名人名家与子女之间的故事，效果就会好很多。

3. 设计有利于烘托情感的表达方式

短视频是一种综合了文字、声音、画面等形式的综合性艺术，要求创作者既要熟练掌握讲述故事的技巧，还要懂得视觉语言创作方法，这样才能提高作品的情感魅力。

在叙事技巧方面，创作者要能娴熟地利用情节变化、悬念设计等方式带动观众的情绪变化。例如，在展现奋斗精神的短视频作品中，创作者可以利用文案讲述主人公的普通出身，通过描述他在创业之路上遇到的种种困难，在起伏的故事情节中展现他的坚韧品格和毅力，从而引发观众的共鸣和认可。

在视觉表达方面，创作者可以根据不同主题选择不同的视频剪辑节奏以及相应的背景音乐，甚至加入必要的字幕及主人公的话语，烘托作品的情感氛围。例如，创作者在讲述积极向上、阳光乐观主题的故事时，可以使用快节奏的剪辑方式和轻松明快的背景音乐；在讲述较为悲伤的故事时，则可以使用较慢的剪辑节奏、较少的转场技巧、低沉舒缓的背景音乐。

2.5 服务思维：如金牌服务生般热情服务大众

近几年来，短视频以风格多样、内容丰富、时长较短等特色迅速成为一种广受大众喜爱的娱乐方式。追根究底，短视频与传统电影、电视剧、纪录片等影视形式一样，都属于文化娱乐服务行业，都以服务大众为己任。因此，短视频创作者也要树立服务理念，在热情服务中收获粉丝的赞誉。

服务思维，就是围绕目标人群的需求提供各种服务方式和服务内容，使其得到满意的服务体验，从而获得相应的回报，如涨粉、作品爆火乃至各种变现等。服务思维要求创作者将创作重心放在目标客户身上，深入了解目标客户的特点和喜好后，完善自己创作的文案和短视频。

当创作者以服务思维为指导，从目标人群的角度出发，创作出符合他们需求的短视频作品时，能大幅度提升作品的满意度，也利于创作者在互动中及时了解观众的需求变化并调整创作方向。同时，服务思维也有利于创作者摆正心态，专注于提升专业能力和创作质量，取得更好的竞争优势。

因此，短视频创作者要像金牌服务生一样热情周到地服务观众，使他们感受到满满的真诚。一般来说，创作者将服务思维应用于短视频文案创作主要有以下三种方式。

1. 从观众视角出发确定创作内容

每一位短视频创作者都有自己擅长的赛道和相应的目标人群。他们在创作文案时，要先了解和梳理目标人群的喜好偏向及真实需求，然后以此为基础选择作品选题方向及具体内容。例如，美妆赛道的博主在创作短视频文案时，要先了解近期粉丝群体对哪些造型妆容感兴趣，在实际生活中有哪些美容护肤的难点需要解决，等等，然后从中选择粉丝关注度最高的话题进行创作。

短视频创作者在创作文案时还要充分考虑粉丝对作品内容风格和表达方式的偏好，尽量以他们喜欢的方式展现内容。例如，动漫解说赛道的创作者的目标人群为青少年群体，在创作文案时就要注重采用当下流行的网络梗和词语，以迎合该目标人群的思维方式和日常表达习惯。在表述时，要多采用诙谐调侃乃至夸张搞笑的方式，使观众在轻松快乐的氛围中欣赏作品。相反，如果创作者以一本正经、严肃甚至呆板的方式解说动漫，对青少年群体的吸引力就会大为降低。

2. 多角度打磨出高质量内容

对观众来说，浏览短视频的目的是消遣时间或学到对自己有用的知识。当他们看到的短视频既符合自己的欣赏趣味又十分精彩时，就会对创作者心生好感，甚至成为他的铁粉。相反，假如短视频质量较差，观众就会马上划过，寻找其他有趣的短视频。因此，短视频创作者要想服务好自己的目标人群，赢得更多粉丝的信赖，就要在短视频质量上多下功夫，精益求精地打磨每一件作品。这需要在文案创作阶段就着手进行，主要包括以下几方面。

（1）反复推敲内容文本。内容文本是短视频所有内容的文字呈现版本，包括解说词、人物对话、字幕等内容。无论是在哪类短视频中，内容文本都是短视频作品的基础，其质量高低直接决定了短视频作品的优劣。

首先，创作者要认真推敲内容文本的语言及行文，确保整体协调、内容通俗、简单易懂。

其次，创作者要对内容情节进行巧妙设计，利用设置悬念、层层推进或开篇点题等方式吸引观众的兴趣，促使他们能完整欣赏短视频，以提高完播率。

最后，创作者要精心设计短视频中要出现的字幕，以利于观众观看。

（2）注重画面质量。短视频的画面质量会直接影响观众的观感。假如创作者选用的是低分辨率的粗糙画质视频素材，就会拉低整个作品的表现力,甚至出现观看率较低的情况。因此,创作者在文案创作阶段就要标明所需视频素材的类型和画质,并对视频内容进行较为详细的提示,以方便拍摄制作和查找素材。

例如,创作者在文案中除了要标注清楚所需视频素材的清晰度,如高清、标清等,还要写出所需视频的大概时长、视频中画面的景别要求,以及画面明暗度、色调等的提示。

3. 用热忱服务提高观众的参与积极性

短视频与传统影视剧相比有一个显著的不同之处,就是前者有较强的互动性,便于创作者与粉丝之间的密切沟通;后者以单向的传播为主,与粉丝的互动性较低。那些有较高粉丝量的达人都十分注重与粉丝的互动,并经常运用一些别出心裁的服务方式,以提高粉丝的忠实度和参与互动的热情。

例如,某具有千万粉丝的达人会在直播间中以抽奖的方式,随机向粉丝赠送最新款苹果手机或其他价值不菲的礼品,这就极大地调动了粉丝的参与热情,也提高了直播间的热度,更利于提升达人的个人品牌知名度。这些不断迭代推出的服务技巧,都是达人及其创作团队在文案阶段就进行精心设计,并反复推敲完善的。

因此,短视频创作者也要在文案中增加与粉丝的互动性,运用真诚的邀请、设置问题、举行有奖活动等方式激发观众的参与热情。在确定互动方式后,还要尽量采用与众不同的互动风格等,给观众带去新鲜感,以便提高互动的效果。

第 3 章

标题制胜,一句话就燃爆短视频的标题创作技巧

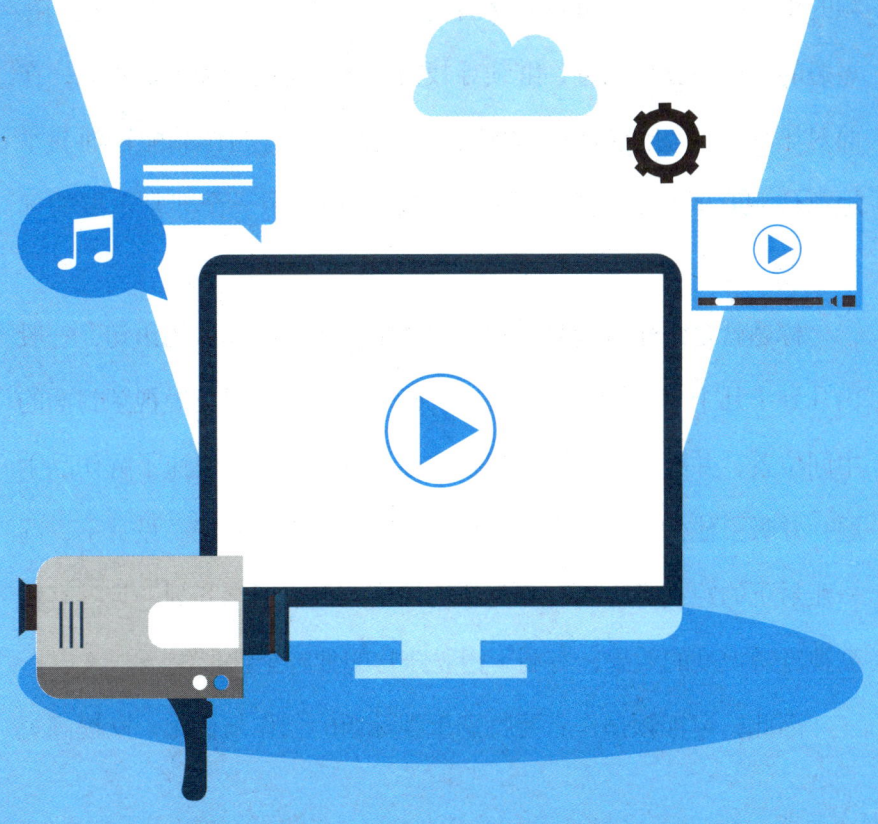

3.1 爆款短视频标题创作原则

闲暇之余,人们常常凭借对手机短视频APP页面中各个短视频的第一印象选择浏览对象。当遇到不感兴趣的短视频时,他们在短短的几秒内就会划过,继续寻找其他感兴趣的短视频。那么,在面对平台推送海量短视频的情况下,为什么有的作品能轻而易举地抓住观众的心呢?这就不得不提及短视频中一个非常重要的部分——标题了。

标题就是创作者用凝练的话语概括出短视频主题的语句,一般由几到十几个字及标点符号组成。标题的位置主要在短视频封面的中间位置,并配以醒目的颜色和字体,以方便观众快速了解作品主题,并吸引他们点击观看短视频。在某些创作者的精心设计下,同一账号下的短视频标题有着类似的风格,形成了整齐划一且具有较高视觉辨识度的效果,有利于树立账号的独特个性形象。

因此,短视频创作者要特别重视标题的创作与优化,以提高短视频作品的竞争力。一般来说，创作者只要掌握了以下原则，就能写出格外亮眼的短视频标题。

1. 言简意赅的标题更受欢迎

在手机短视频 APP 中，无论是多个短视频共同排列于页面之中，还是单个短视频占据整个屏幕，它们的尺寸都是有限的。因此，当短视频标题字数较多时，就会被排列为两行或三行。这种标题在屏幕中呈现出来，就会给人一种"标题很长，有些像段落"的印象。在观众眼中，这种标题就不如那些简短的标题有吸引力，在短视频作品的竞争中就落了下风。另外，标题的作用是向观众介绍短视频的主要内容，如果标题中的文字较多，就容易出现主题不清晰或语义混杂等情况。

因此，短视频创作者在创作标题时要力求简短，要在尽可能少的字数里清晰明了地介绍出短视频的主要内容，以便观众在短时间内了解概况。

例如，美妆赛道的达人常用的标题有《三分钟变身都市丽人》《两分钟搞定职场妆容》等。这样的标题既简短，又直切主题，能让观众在极短时间内了解短视频的内容，有效吸引相关观众点击观看。

另外，观众在向亲友分享喜欢的短视频作品链接时，简短的标题能在链接中完整地展现出来，便于他人了解短视频主题；冗长的标题在分享链接中只能展现出一部分文字，不利于他人准确了解内容，会直接影响其观看的兴趣。

2. 展现创作者的独特风格

短视频标题除了要体现作品主题，还要能展现创作者的个人风格，使观众从这短短十几个字之中就能清楚地了解创作者的个人风采，并在心中留下较深的印象。在这些作品形成一定的数量规模后，就成为创作者个人IP形象的一部分，有利于其在众多同行之中脱颖而出。

例如，擅长煽情风格的创作者可以在短视频标题中适当加入相关的烘托情感氛围的词语，如《这种不经意的细节让人泪奔》《粗犷男子对妻子的似水柔情》等，都能有效吸引观众的注意力，激发他们点击观看的兴趣。又如，以讲述历史故事为主的创作者，可以在标题中突出作品的故事性和趣味性，如《木匠皇帝的十个不为人知的秘密》《唐太宗一直后悔不已的竟是这件事》等，吸引对历史故事感兴趣的观众。

3. 表明创作者的观点和立场

短视频标题的一大作用是能准确体现出创作者的主要观点或立场，使观众能直观地了解到其对某些事情的态度。这种方式既能吸引拥有类似观点的观众的兴趣，还能引起持不同观点的观众的注意，引发他们在作品评论区积极参与讨论，从而提高作品的互动率、热度及传播效率。例如，在不违背社会公序良俗的基础上，创作者可以对新出现的社会热点大胆表达自己的想法，并在标题中明确体现出来。例如,《为什么我认为规范城市养犬应从严格管理犬主人开始》《为什么我认为家长不应带低龄儿童在公路上骑行》等,这种标题直截了当地体现了创作者的态度,更能引发观众的注意力。

4. 易读易记、有节奏感

我们仔细研究那些爆火的短视频后,就会发现它们的标题不但有以上三个特点,还通俗易懂,十分接地气,让人看过就难以忘记。例如,有的短视频标题中带有最新流行的词语或网络热梗,这些元素就能提高标题的吸引力和易记性。这也要求创作者在创作标题时尽量不用生僻字和复杂难懂的句子。

另外,短视频的标题还要有一定的节奏感,使人读之朗朗上口。这就要求创作者要有一定的文字语言功底,并时常了解有韵律感的俗语、歇后语、网络流行语等,并能将它们融入标题创作之中。例如,几年前流行的"蓝瘦香菇",最近风靡全网的"city不city",等等,都能吸引许多观众模仿使用,从而扩大作品的传播范围。

3.2 用标题直击观众心中的痛点

我们仔细研究就会发现,那些被大家争相转发的爆款短视频标题都能触动观众内心深处的痛点,诱使人们点击观看短视频内容。如果短视频内容较为精彩,且能帮助观众解决困扰已久的难题,就会得到赞誉甚至大量转发。有不少观众正是被某个短视频标题打动而成了其创作者的粉丝。

这些触动人心的爆款短视频标题看似简单随意写成,实际上是经过了作者的精心打磨,因此才能精准触及观众的痛点。痛点,其实就是观众在日常生活中遇到的各种棘手的问题或困惑,它可能与观众的生活状态或工作压力有关,也可能与观众对一些社会现象的看法有关。总之,凡是观众一时间难以解决的事情或没有得到满足的需求都可称为痛点。从这个角度看,观众刷短视频的行为,其实也是在搜寻解决这些痛点的方法。当他们发现某个短视频标题契合他们的痛点时,自然会兴趣大增。因此,创作者在工作中要围绕观众痛点拟定短视频标题，以下是几个常用的方法。

1. 明确讲出具体痛点

在实际生活中，每个观众都有多个痛点，有的是工作方面的难题，有的是感情方面的困惑，还有的是学习方面的难点，等等。创作者要对目标人群的痛点有细致入微的了解，并将与自己赛道相关的痛点分门别类记录下来，然后选择当下目标人群最为关心的某个痛点创作短视频。

需要注意的是，短视频的主要优势就是简短精练，方便观众随时随地观赏，因此每个短视频的内容不宜庞杂，以免讲述不透彻，或者时间过长导致观众中途不再继续观看，放弃观看。因此，创作者在每个短视频中应围绕观众的某一个具体痛点进行创作，在标题中也要明确写出与该痛点相关的文字，以方便观众快速了解主题。

例如，很多中老年人都有睡眠质量不佳的情况，这对他们的生活和健康有很大的不良影响。健康赛道的博主就可以这个痛点为中心进行创作，短视频标题可以是《中老年人的失眠对身体有多大危害，你知道吗？》《睡不好觉，让中年女性快速衰老》等，让有该痛点的观众一眼就能看明白短视频的主题，从而点击观看。

2. 明确写出与解决痛点有关的信息

当人们为痛点而苦恼不已时，都希望能尽快找到解决方法。当他们看到与此相关的短视频时，就会希望能够从中得到帮助。因此，观众在看到与解决痛点相关的短视频标题时往往都会兴趣大增,并点击观看具体内容。短视频创作者可以从这个角度入手,在标题中增加与解决痛点有关的信息,提高观众的浏览兴趣。

例如,减脂塑身是许多肥胖女性苦恼的事情,健身博主可以针对目标人群的这个痛点创作相关短视频,在标题中明确提出有关解决方法的信息,可以这样写标题:《每天10分钟,三个动作帮你轻松减脂》《五个管住嘴的方法,帮你三个月减15斤》等。这些标题中都包含了与减肥方法有关的信息,使观众看到这样的标题时对成功减肥产生信心,进而观看视频内容。

需要注意的是,这种标题要能真实体现短视频的内容,而不能虚假宣传,以免观众看过短视频后心生失望,甚至产生被骗的感觉,影响对短视频作品乃至账号的认同感。

3. 展现与观众相同的立场

在社交过程中,人们都希望自己的观点或行为能得到他人的认可和赞同,也会对有类似立场的人心生亲近感。这种心理同样适用于浏览短视频的观众,这表现在他们常常对与自己观点类似或与自己经历类似的短视频给予更多的良性反馈,如点赞、评论等互动行为。他们会认为创作者在短视频中的话说到了自己的心坎上,是能真正理解自己的人。双方都有相同的立场,观众自然会给予创作者更多的信任和支持。

例如,很多年轻人在为事业奋斗的过程中都会遇到各种挫折和打击,他们常常对此感到苦恼和沮丧,特别希望能得到外界的理解和安慰。人生成长赛道的达人在创作与此相关的短视频时，就可以这样写标题：《我也经历过三起三落，我是这样度过苦难日子的》《为了看见彩虹，我曾经和你一样在风雨中拼搏》《我的失败经验也许对你有帮助》等。目标人群看到这样的标题时就会产生遇到知己的感觉，拉近了自己与创作者之间的心理距离，愿意点击观看短视频内容。

4. 使用有冲击力的词语和句式

短视频标题的一大作用就是要能迅速抓住观众的心，因此创作者在词汇和句式上都要精心雕琢，尽量对观众的视觉和注意力形成较强的吸引力。在文字方面，创作者可以选择有震撼性和冲击力的词语，使观众真正体会到短视频内容对解决自己痛点的重要作用，形成非看不可的心理冲动。

例如，如今年轻消费人群中盛行平替风，但是有的人为找不到平替商品而苦恼，都市生活赛道的达人在创作这方面的短视频时可以这样拟定标题：《一分钟帮你找到十大生活平替商品途径》《五招帮你平替省钱，不降品质》《平替不丢人，给你更高的生活品质》等。

另外，短视频标题虽然简短，但是在句式上也有很多讲究。短视频创作者还要在标题句式上多下功夫，选择最适合短视频内容的表述方式，以增加标题的吸引力。具体来说，就是创作者可以根据短视频内容的不同，灵活使用疑问式语句、口号式语句、感叹式语句、幽默式语句、调侃式语句等，使观众通过句式更好地感受创作者传达的情感和主题内容。

例如，很多人都为如何有效提高工作效率而苦恼，职场赛道的达人在创作这类短视频时，可以通过不同的语句表现出不同的感情色彩：《Out了，你还不会使用Word的技巧吗？》这个标题表达的是对观众痛点的质疑，进而引发观众的好奇心；《掌握这八个Word技巧，让你的办公效率提升三倍》这个标题表达的是这几个办公技巧对解决观众痛点的重要作用。

3.3 让观众产生好奇心至关重要

人们在欣赏文艺作品或进行娱乐活动时都有求新求奇的想法,希望能够感受到与以往不同的美好体验。这种心理在浏览短视频时也同样存在,甚至表现得更为明显。例如,人们对一个短视频往往只会看一次,然后就会寻找下一个新鲜有趣的短视频。这揭示了一个道理:满足人们的好奇心,是短视频达人成功的一个捷径。也就是说,创作者在制作内容精良的短视频作品的同时,还可以从满足观众好奇心的角度拟定标题,才能提高作品的浏览量和热度。长此以往,创作者不仅能收获大批有强烈好奇心的忠实粉丝,还能扩大自己的个人品牌影响力。

那些拥有数百万粉丝的达人也常常利用短视频标题激发粉丝的好奇心,以下是他们常用的方法。

1. 用疑问句引起观众的好奇心

人们对各种带有疑问性质的事物都有较强的好奇心,在遇到这

种话题或语句时，就会产生寻找答案的冲动。因此，创作者可以针对观众的这种心理拟定标题，激发他们的好奇心。创作者要围绕观众关心的方面设计问题，既可以是他们感兴趣的具体事物，也可以是他们讨厌或烦恼的事情，能吸引他们的注意力即可。

例如，很多人都喜欢宠物犬，但并不了解驯犬知识，因此对这方面的信息就颇为关注。宠物赛道的创作者可以围绕纠正宠物犬不良啃咬习惯的话题创作短视频，标题可以拟定为《如何仅用三天改变狗狗的不良啃咬习惯？》等。当喜欢宠物犬的人看到这样的标题，就会点击观看具体的驯犬方法，以增加相关知识。

2. 在标题中融入悬念元素

设置悬念是文艺作品中经常出现的一种手法，常被创作者运用于标题和情节之中，以激发读者或观众内心的探索欲，使他们能更加投入地欣赏作品。

这种方式也同样适用于创作短视频标题。创作者在文案阶段就要对短视频内容反复推敲，并将其中精华内容提炼出来，以悬念的方式呈现在标题中。

例如，在以分享经典著作为主的赛道中，达人为了吸引观众观看，就经常采用这种手法拟定标题。某达人在分享世界名著《安娜·卡列尼娜》时，就拟定了《你不知道的〈安娜·卡列尼娜〉的几个秘密》《真想不到，托尔斯泰创作〈安娜·卡列尼娜〉背后的故事是这样的》等标题。该达人在标题中设置了与名著《安娜·卡列尼娜》相关的悬念，使观众在刷到这个短视频时，一眼就会被标题所吸引，特别想了解其中内幕故事，自然就提高了作品的浏览量。

3. 用紧迫感挑起观众的好奇心

人们往往对看上去比较紧急的事情有更高的敏感性，会认为它比较重要，从而在好奇心的驱使下想要了解其详情。因此，创作者可以在短视频标题中加入与紧迫性有关的元素，营造出紧急、重要的氛围，使观众看后产生马上观看短视频的想法。创作者在采用这种方法时，要注意避免夸大其词或编造虚假信息，以免因违法违规的情况被平台处罚。另外，创作者还要在标题中讲出需要观众如何做以及有哪些收获，以提高观众观看短视频的积极性。

例如，很多人在拿到了驾驶证之后，开车上路时仍然手忙脚乱，甚至因驾驶技术较差而出现交通事故。因此，他们对新手驾车实用技巧有强烈的需求。汽车驾驶赛道的达人在创作这类短视频时，可以将紧迫感融入标题之中，如《提醒！新手司机上路前先学会这三招》《雨雪来临！五个技巧让新手司机安全无忧》等。目标人群看到这种标题后，就会产生急切了解详情以使自己受益的想法。

4. 用知识盲区激发观众的好奇心

每个人都有自己擅长的知识领域，也有各自的知识盲区。当人们遇到与自己生活或工作相关的知识盲区时，就会产生"想要多了

解些"的好奇心。因此，创作者可以用这种方式拟定短视频标题。具体来说，就是创作者从短视频内容中选择最新的知识信息或新闻消息，并将其作为标题的主要内容，以吸引对此不了解的人。

例如，人们在生活中常常为清除家中的蟑螂而费心费力，但效果并不理想。生活赛道的创作者在制作与此相关的短视频时，可以拟定这样的标题：《从科学角度分析，蟑螂为什么难以清除》等。创作者将清除蟑螂这一居家生活的常见事情上升到科学研究的高度，并以科普的形式进行讲解，能使许多观众产生好奇心，从而点击观看具体内容。

创作者在利用知识盲区引起观众好奇心时，还常用到另一种方式，即提出与人们心中既有观念不同的说法，甚至是颠覆性的理念。这种类似否定观众原有想法的方法，往往也能激起他们较强的好奇心和争论欲，从而提高作品播放量和互动性。这种标题的优点在于与人们通常的观念相关而又有明显不同，能在短时间内将观众的目光吸引过来。创作者在拟定这种标题时，要对目标人群的原有观念有清晰的了解，并确保短视频中的新观念或新发现有充足的理由，使观众在看过短视频后能产生认同感或在评论区进行合理讨论。

倘若短视频中新观点的科学依据不足或论证不严密，那么这种标题往往会引起观众的反感。例如，很多中老年人患有糖尿病或遇到血糖异常的情况，其中不少人会减少含糖饮料和碳水化合物的摄入，却忽视了运动锻炼对降糖的重要作用。因此，某健康赛道的创作者在创作运动降糖的短视频时，拟定的标题是《你做错了！运动降糖效果堪比控制饮食》。目标人群在看到这样的标题时，心中就会产生"他的说法很新鲜，点击看看到底有没有道理"的好奇心并付诸行动。

3.4 在标题中巧妙利用热点信息

很多人在休闲时常常在手机上浏览各种热点新闻,以了解最新时事和热点事件。其实,这种行为来自人们固有的喜欢看热闹的心理,只是从以往在现场聚群围观变成了如今的线上关注各种焦点事件。常见的热点新闻包括最新发生的国家大事、有争议性的社会事件、娱乐明星的劲爆新闻、体育比赛、自然灾害、突发事件等。不同人群对不同种类热点的关注程度也各不相同,人们往往会根据自己的喜好和平台推送浏览部分热点新闻。

热点事件具有广泛的传播效果和较强的时效性。不同热点事件的热度持续时间也不同,有的热度一两天就没了,有的则能维持一两周之久。社会上每天都会产生许多新热点,人们的注意力也会随着热点的变化而变化。那些头部达人往往都善于捕捉最新发生的热点并及时创作短视频,以含有热点信息的标题吸引大量观众的浏览和互动,甚至成为热门作品。以下是常见的将热点与标题结合的方法。

1. 在标题中直接展现热点关键词

创作者要详细了解热点事件的全貌,将与之相关的关键词罗列出来,然后利用短视频平台或第三方软件提供的热点分析工具分析使用频率高的热点关键词。综合对比后选择最适合该短视频的关键词,并将其写入标题之中。这种方式有利于平台系统依据关键词向观众推送该短视频作品,也便于目标人群看到标题后能得知其与热点相关,从而点击观看短视频内容。

创作者在拟定短视频标题时还需要把握热点关键词的数量。一般来说,一个短视频标题中含有一两个热点关键词即可。倘若放置数量较多的关键词,就会导致标题较长且内容繁杂,反而降低了吸引力。

例如,端午节是我国非常重要的传统节日,南方各地会开展精彩的赛龙舟等活动。每年与此相关的短视频都有很高的热度,有的作品甚至有高达上百万的浏览量。例如,某达人在创作广东龙舟比赛短视频时用的标题是《广东龙舟赛,疯狂机械手弹射起步》,形象生动地描绘出了龙舟比赛的激烈,参赛队员整齐划一的动作及超强爆发力,令人忍不住点击观看短视频。

如果达人在上面的标题中加入"我国广东省某市某区"等关键词,就显得标题不够简练,影响观众对主要内容的了解。

2. 在标题中加入时间信息，体现作品的时效性

很多达人在创作与热点相关的短视频时，常常在标题中加入与时间有关的关键词，给观众留下"这个作品是最新报道"的印象。在突发性重大社会热点事件发生后，有的达人就会以连续报道的方式创作多个短视频，形成追踪报道事情发展进程的效果。他们在这些短视频标题中就会加入相应的时间点彰显作品的即时性。

例如，在台风登陆我国沿海地区时，有当地创作者以台风来临时当地的情况为主题创作短视频，记录和发布了台风来临时以及台风过境后第二天、第三天的灾后重建情况等。这些作品从创作者的角度记录相关场景，并在短视频标题中包含了发布时的具体时间，使观众了解了台风对当地造成的破坏以及人们抗险救灾、恢复生活等过程，收获了很高的点击量。

3. 将有影响力的人与热点结合，提高标题的吸引力

每当有重大热点事件出现时，新闻媒体、相关知名人士、自媒体创作者都会积极关注并表达自己的观点。其中，有社会影响力的专家学者以及头部达人的言论更能吸引观众关注。因此，新手创作者在创作与热点相关的短视频时，可以在内容中融入上述有影响力的人的观点，并在短视频标题中展现出来。当观众看到含有名人及热点的标题文字时，往往会产生浓厚的观看兴趣。

例如，在官方媒体发布即将公开某种新款军用飞机的消息后，军迷们纷纷在网上发表自己的看法。在军事赛道中，某创作者以此

为主题创作短视频时拟定的标题是《新型军飞长什么样？细数三个大神的看法》。这个标题包含了新型军用飞机的热点以及其他知名军事博主的观点，对军事爱好者有着更强的吸引力，也扩大了短视频的传播范围。

3.5 用对比式标题打开观众的心门

人们常常借用网上流行的"没有对比就没有伤害"调侃自己遇到的不顺心事情。这种现象背后蕴含了这样一个道理：当人们看到反差强烈的两件事的时候，往往会产生比较大的心理触动。例如，当人们面对同工不同酬情况时就会发出许多感叹。

那些知名的网红达人常常利用人们的这种心理创作短视频标题，并取得了较为理想的效果。我们将这种含有对比元素的短视频标题称为对比式标题。它的主要特点是将两个或多个反差较大的事物进行对比，以吸引观众的注意力，使他们产生"想了解这种对比的效果和原因"等心理，进而点击观看短视频。

此外，这种含有明显差异性的标题很容易在同类作品中脱颖而出，给观众留下较深的印象，有利于观众长期记忆该作品和创作者，也便于观众向其他人宣传该作品。

因此，短视频创作者应该重视这种标题的重要作用，熟练掌握其使用技巧。一般来说，创作者在标题中应用对比元素的方法有以下四种。

1. 展现情绪状态的对比

在这种对比方式中，创作者将有着巨大差异的情绪状态或情感偏好放在一起，形成强烈的对比。这种方法往往选择人们比较重视的情感进行展现，如悲伤与欢乐、幸福与痛苦等，令观众看到标题就能产生心理触动，进而观看短视频内容。例如，有情感赛道的达人以《我与爱人的爱恨情仇，磨砺终成正果》为标题，讲述了一对恋人之间的情感升华历程，讴歌了美好的爱情，也点出了恋人相处中的磨合与处理问题的方法，吸引了众多粉丝的点赞。又如，有人生成长赛道的达人以《积极心态与消极心态下不同的人生命运》为标题，讲述了积极心态下的人在多年之后所取得的成功人生，并以消极心态对人的负面影响的实例加以佐证，深受粉丝的欢迎，提升了作品的热度。

2. 展现事情难易程度的对比

这种对比方式是通过展现不同事情的难易程度，以形成显著的对比效果，反映出人们的聪明才智与克服困难的勇气和成就，使观众对作品内容和创作理念有更直观的了解。

例如，有军事赛道的达人在创作有关我国研发"两弹一星"历史的短视频时，以《算盘敲出来的原子弹》为标题，生动形象地展现了当时我国在极其简陋的科研条件下所取得的辉煌国防成就，受到了许多粉丝的好评和转发。又如，科普赛道的达人以《钱学森弹道：类似大型打水漂的太空科学技术》为标题，讲述了我国以钱学森弹道理论为基础研发的先进太空技术及实际应用，吸引了许多科学迷和军事爱好者的关注。

3. 展现思想观念的对比

这种对比方式是指创作者将具有鲜明冲突或差异的不同观念和价值观融入标题之中，使之呈现出强烈的对比感，以引起观众的观看兴趣和互动热情。

在多元化的社会中，不同人群有着各不相同的人生理念及价值观，在面对相同事情时会产生诸多看法，这就形成了一个个热点话题。那些头部达人十分善于利用这种方式吸引观众的关注，甚至形成讨论热点，极大地提高了作品热度。在运用这种方法创作短视频标题时，创作者应将具有争议性的不同观念关键词融入标题之中，以利于观众快速了解其主要内容。

不同观念关键词之间的差异越大，对观众的吸引力就越强。相反，假如两个理念之间的差距较小，对观众的吸引力就大为减弱。例如，某以老年人为主要目标人群的达人，以《居家养老和养老院养老》为标题创作短视频，就直接明了地写出了两种截然不同的养老方式，极大地吸引了老年观众的观看兴趣。

创作者需要注意的是，要以正确的价值导向引导观众，而不能传播违背公序良俗的不良观念。例如，有的情感博主为了博取流量，会夸大甚至煽动性别对立，这就不利于社会和谐和中华传统文化理念。因此，这样的标题和作品往往在收获一波流量后，遭到网友们的抵制甚至投诉。相反，创作者以"和谐共赢，拒绝打拳"为标题，提出了反对过分强调性别对立的立场，得到了网友们的欢迎。

4. 展现物理特性的对比

这种对比主要是向观众展现视频内容涉及的事物在物理特性方面的明显差距，从而形成强烈的对比感，激发他们的观看兴趣。这种对比主要有以下几种方式。

（1）展现事物在大小方面的对比。创作者可以从短视频内容中选择有显著体积差异的事物，并将其主要特点融入标题中，使观众能一眼就抓住标题的关键信息，从而产生观看兴趣。

例如，有短视频创作者在讲述不起眼的微小事物对人们生活的巨大影响时，就用"一颗小石子伤害了脚"作为例子，标题是《不起眼的小石子让身高一米八的壮汉脚疼不堪》，形象生动地展现出了两个体积不同的事物之间的对比。又如，某创作者用《一只蚂蚁毁掉了一片堤坝》作为标题，讲述蚂蚁的强大筑巢能力和对建筑物的破坏力，用极具大小对比感的标题吸引了众多观众观看。

（2）展现事物在时间和数量方面的对比。这种对比方式是通过描述事物在时间、年龄、数量等方面的差异，从而形成强烈的对比感，以吸引观众的关注。

例如，萌宠赛道的达人以《1岁宝宝和10岁家犬之间的温馨交流》为标题，展现了宠物与小主人之间的种种温馨感人的场景，获得了很多网友的观赏和点赞。又如，职场赛道的达人以《1年顶5年，这样提高工作效率最有效》为标题，讲解了帮助职场年轻人提高工作效率的种种办法，吸引了很多目标人群的关注和互动。

（3）体现事物在品质和特性方面的对比。这种方式可以有效展示事物的主要特征和优异性能，形成戏剧化的表达效果，对观众有较强的吸引力。例如，某手工制作赛道的达人在讲解古代兵器的制作奥秘时，常用"削铁如泥"表达对著名兵器的赞赏之情。又如，某创作者以《闻着臭、吃着香的十大美食》为标题，在短视频中介绍了那些另类美食，收到了很多观众的点赞和转发。

3.6 凡是利己的标题人们都爱看

利己之心人皆有之,这是人之常情。人们无论在工作中还是生活中,对那些能够给自己带来收益的事情都会格外关注,在浏览短视频时也不例外。因此,对于创作者而言,采用利己性标题是提升作品播放量的一个有效方式。

所谓的利己性标题,是指短视频中含有能够满足观众某方面需求的信息,使观众产生"观看该视频是值得的,自己能从中获益"的感受。一般来说,观众看到这些标题后就能了解这些短视频能让自己获得哪些收益,或帮自己解决什么难题。这种标题是直接将作品内容与观众的利益紧密结合,从而有效调动他们观看作品的积极性,对提高作品完播率和互动效果有很好的帮助。

此外,这种标题直击观众的需求点,也利于在观众心中留下较深的印象,对提升账号知名度和影响力有明显的帮助。当观众通过观看短视频解决了自身的烦恼或获得了收益后,他会更加积极地观看该账号的其他作品，在日后遇到类似问题或想得到更多收益时，就会首先想起该账号。正因如此，那些头部达人常常采用这种方式创作短视频标题，并得到了丰厚的回报。

对于普通创作者来说，熟练掌握利己性标题的创作方法，有利于在达人进阶之路上取得更多的成就。一般来说，拟定利己性标题的方法有以下几种。

1. 展现与观众核心利益的关联性

观众在浏览短视频时，遇到与自己核心利益有关的作品时就会格外关注，希望能从中得到相关助益。因此，创作者可以从这个角度拟定标题，即将作品内容与目标人群的核心利益结合并体现在标题中，就能在最短的时间内吸引观众的目光。

例如，对于职场打工人来说，其核心利益就是工资收入的变化，凡是利于提升收入的短视频对他们都有着较强的吸引力。某职场赛道的达人以《体现你的竞争优势，快速升职涨薪》为标题创作短视频，明确讲出了年轻人应该如何展现自己的竞争优势，提升业绩，助力升职涨薪，得到了很多粉丝的欢迎。

2. 表明观众能得到的额外收益

很多时候，创作者会遇到这样的情况：短视频作品与观众有一定的关联性，但不涉及其核心利益。这时就可以采用另外一种方式拟定利己性标题，即在标题中展现观众能从中得到的额外收获，使他们产生"这是意外之喜，我又赚到了"的感受。

例如，对于宝妈群体来说，他们最为关心的就是孩子的健康成长，也常常关注这方面的短视频作品，学习相关育儿知识。某母婴赛道的达人曾以《擅长儿科的北京医院及专家推荐》为标题创作了短视频，得到了宝妈们的欢迎。这个作品虽然没有给宝妈们传授具体的治病方法，但给他们介绍了靠谱的医院和医生，使他们产生"这个作品很有用"的感受，甚至收藏起来，以备不时之需。

3. 体现为观众解决实际烦恼的价值

短视频具有创作周期短、发布数量多、竞争性强的特点，因此很多创作者在实际工作中很难做到每个作品都与观众的重大利益密切相关。对于他们来说，更为可行的一种方式是从小处入手，体现作品的实际价值。具体来说，就是创作者了解目标人群的实际生活烦恼，并提出有针对性的解决方法，使他们产生"这个账号的作品能帮我解决实际烦恼，使我获得实实在在的收益"的感受，增加对账号的忠实度。

例如，年轻人在求学和工作中会遇到许多难题和烦恼，有的小问题也能给他们带来很大的困扰，他们在这方面迫切需要得到前辈的指点和建议，因此，某职场赛道的达人就对此较为关注，并创作了以《工作疲惫？五个小妙招帮你告别身体倦怠状态》《被上级刁难？你这样处理反而能得到他的青睐》等为标题的短视频，从年轻人的实际工作难题入手，提出了切实可行的解决方法，得到了许多观众的好评。

4. 展现作品提供给观众的情绪价值

情绪价值，简单来说就是一个人或一个团体给予别人理解、支持和情感抚慰，使别人能得到良好的情绪和心理体验，产生积极、快乐、满足等美好的感受。

在快节奏的社会中，很多人都承受着工作和生活的巨大压力，内心经常会产生种种不良情绪，特别希望能够得到其他人的理解和宽慰。因此，很多情感赛道的达人抓住这个机会，向观众提供良好的情绪价值服务，收获了大批粉丝。

其他赛道的创作者也可以借鉴情感赛道达人的做法，将情绪价值融入自己的作品中，并在标题中体现出来。具体来说，创作者要结合不同赛道内观众的需求，提供具体的情绪价值点。

每个赛道内观众群体的组成及特点各不相同，他们的心理、情绪需求也有很大差异。因此，创作者可以针对他们的具体需求创作相应的短视频作品，从同理心的角度理解他们的处境和感受，抚慰他们的心灵，从而得到积极回应。例如，运动赛道的创作者在向观众传播、传授运动技巧、运动知识的同时，还可以针对观众产生的运动效果不佳的焦虑或对运动损伤的担忧乃至懒惰思想等情况，创作短视频答疑解惑，鼓励他们以积极的心态进行科学锻炼，提高身体素质。这样的作品既得到了粉丝的欢迎，还展示了创作者关心粉丝的良好形象。

第4章

掌握技巧，你也能量产爆款短视频文案

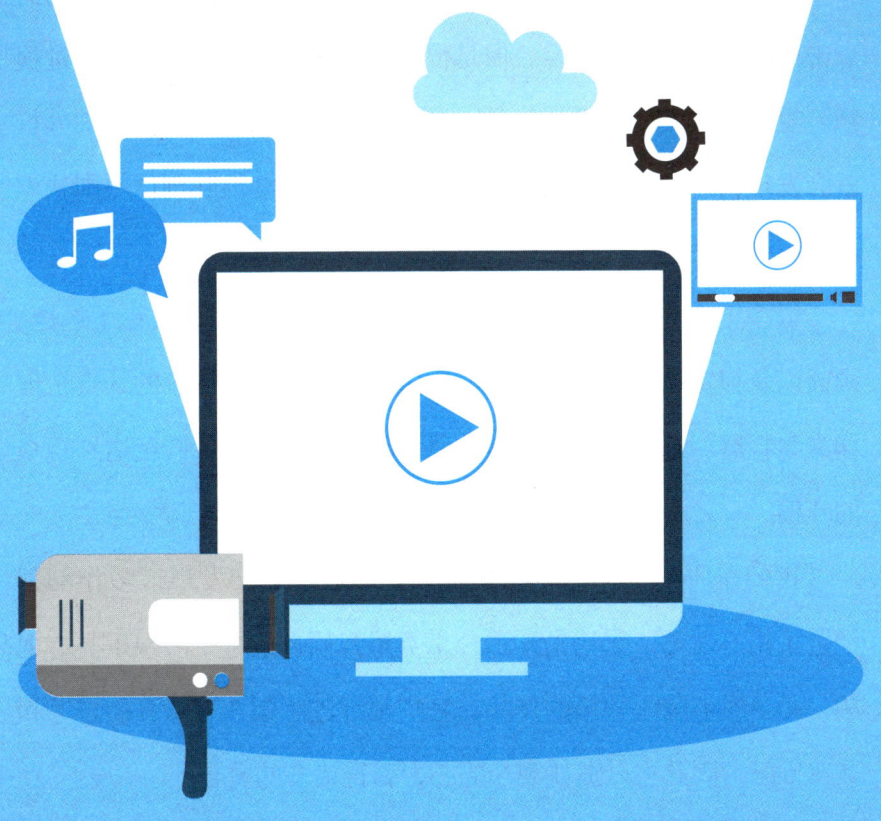

4.1 小白不可不知的五个文案创作原则

观众在浏览短视频平台时，常会因为有趣且充满个性的标题而点击观看某些短视频内容。但是很多人在观看一会儿后就会划过视频，重新寻找其他有趣的作品，导致作品的完播率较低。仔细分析就会发现，这种情况与创作者对内容文案的重要性和创作原则认识不足有很大关系。

很多创作者认为短视频的时长较短，因此将精力放在了选题、画面以及拟定吸引人的标题上，而忽视了对短视频内容的认真梳理和文案打磨。这种错误做法常常导致作品质量不佳，甚至遭到观众的吐槽。

我们在研究头部达人的短视频作品后，就会发现很多作品都经过了精心雕琢。无论是知识分享类短视频，还是生活娱乐类短视频，乃至看似随手拍摄的作品，其实都经过了创作者认真的思考和文案推敲，因此得以抓住观众的心，赢得诸多的赞誉。

可以说，短视频这一新兴视听娱乐方式虽然出现时间较短，但也有属于自己的创作原则。创作者只有将其熟练掌握，才能有效提高短视频创作能力，不断推出爆款作品，晋升为深受粉丝欢迎的头部达人。

1. 原则一：要有鲜明的主题

主题是创作者在进行短视频创作时所选定的核心内容，承载了创作者的思想观点。因此，创作者要在文案中将作品的主题清楚地表现出来，使观众能清晰无误地读懂并产生观看的兴趣。具体来说，创作者在创作短视频文案的前期阶段就要确定主题，即明确本期作品的内容核心。创作者要将自己的想法诉诸笔端，形成文字，然后对主题进行多方面的推敲论证，并与网上同类主题作品进行对比，寻找自己作品的不足之处并加以完善。

2. 原则二：要有相对完整的结构形式

很多人认为短视频时间较短，无法像电影、电视剧那样有完整的起承转合结构形式，因此可以不考虑结构，只要选择精彩内容发布即可。事实上，这种看法是错误的。短视频虽然时间短，但是仍然要有相对完整的结构，才有利于观众观看和理解短视频内容。

例如，有的新手创作者将自己认为精彩的视频片段稍加剪辑就作为作品发布出去，结果浏览量和完播率都很低。其原因就在于，这个作品虽然在画面、音乐等方面有亮点，但是观众不知道该短视频内容的前因后果，以至于看得一头雾水，自然不会给予好评。因此，短视频创作者要尽量保证作品有一个完整的结构，即开端、发展、高潮和结尾，并根据实际情况调整开端和结尾的时长。

在很多情况下，创作者可以用字幕或一两秒时间的图片作为开篇介绍，然后进入精彩内容阶段。在结尾部分，创作者也可以用简洁有力的总结、提示、互动等方式收尾，使观众产生"短视频内容既精彩又完整"的感受，并留下较深刻的印象。

3. 原则三：行文简洁明快、直击人心

创作者要想创作出精彩的短视频作品，就要在有限时长内尽可能完整地表达自己的意图，传递丰富的信息，使观众能有更好的观赏体验。因此，短视频文案就要以简洁明快为主，将核心信息清楚明了地传达给观众，使他们能更好地理解作品主题，将更多的精力放在欣赏精彩内容上。

具体来说，就是创作者要避免文案过长、节奏拖沓，要在保证短视频结构完整的前提下，使节奏更加紧凑。在讲述重点信息时，创作者可以在文案及短视频中添加不同字号、字体和颜色的文案短句加以强调，还可以在配音中对观众进行提示，以加深他们的印象。另外，创作者还可以在文案中采用一二三级标题分段表述、制作图表等方式，丰富短视频的画面内容。

4. 原则四：注重展现个人独特风格

一个优秀的短视频作品，不仅能向观众展示精彩的内容，使观众从中受益，还能恰到好处地体现创作者的个人风格，有利于塑造

其个人品牌形象。要实现上述效果，创作者就要在文案创作中加入个人风格元素，使作品具有个性化的特点。例如，某美妆达人将自己的发型和发色作为重要的人设特点之一，她在短视频作品中经常展示不同发型和发色的效果，在保持主要风格不变的前提下，以这种方式给粉丝带去新颖亮眼的体验，取得了不错的效果。

短视频创作者在创作文案时还要注意保持个人风格特色的一致性，避免经常更换风格，以免给粉丝带来"风格多变就是没有风格"的印象，降低创作者的个人影响力。因此，创作者在文案中要对常用的口头语、动作习惯、服饰造型等进行精心设计，以便观众识别并记住其形象。

此外，创作者还要根据自己的作品表现方式设计固定的个人形象展示方法。在创作者出镜口播类的作品中，应在作品的开端、结尾等固定部分设计独有的标志性手势、表情等，以加强其整体形象，深化其个性风格。在不出镜的作品类别中，创作者要在文案中注重语音、文字、图案等方面的设计，以展现自己的个性风格，加深观众对自己的印象。

5. 原则五：文案要为短视频服务

新手创作者在创作短视频文案时，往往将其与新闻稿、汇报材料、随笔乃至网络文章混为一谈，按照这些文章的行文方式进行创作，结果制作出来的短视频常常被观众吐槽。其原因就在于新手创作者忽略了"文案要为短视频服务"这一原则。

在短视频创作中，文案是基础性内容，对短视频的呈现效果起到了至关重要的作用。它要以主题为中心，和剧情画面、音乐音效、字幕等元素有机结合，共同形成高质量短视频作品。具体来说，创作者在创作文案时要注重文案内容与画面的结合，即创作者在文案中不宜将过多的笔墨放在对观众能看到的短视频画面的讲解中，而是要将重点放在讲述画面背后的故事、不为人关注的细节、蕴含的意义等内容，以便观众更好地理解短视频内容。

4.2 知识分享类短视频文案创作技巧和结构

在各大短视频平台中,知识分享类短视频是一个十分重要的赛道。它以丰富多彩的知识内容、生动有趣的表现形式而深受广大观众的欢迎。这类短视频的创作者身份各不相同,既有知名大学的专家教授,也有田间地头的种粮高手,只要他们在某个领域有广博的见闻或丰富的经验,就能成为知识分享类创作者。

很多创作者在精心创作优质知识分享作品的过程中,也获得了极高的声誉和丰厚的回报,成了广受欢迎的头部达人。例如,有位经验丰富的电工师傅,在工作之余创作短视频分享日常安全用电知识和技巧,并耐心解答粉丝的疑问。在短短一年多的时间内,他就成为全网知名的用电知识达人,通过短视频作品获得的收入远高于其工资。由此可见,知识分享类短视频与人们的知识需求息息相关,有着广阔的发展前景。但是,一个创作者要想尽早"出圈"成为广受欢迎的知识分享达人,不仅要有过硬的专业知识,还要熟练掌握这类作品的文案创作技巧和结构。

4.2.1 知识分享类短视频文案创作技巧

1. 优先选用新知识

在科技发展日新月异的今天，各种新知识、新理念层出不穷，人们都会因工作或生活需要而不断学习新知识。有很多人已经习惯于通过观看短视频的方式学习知识，并收到了良好的效果。因此，创作者在制作知识分享类短视频时，应优先考虑策划和选用最新的行业知识，以及时满足广大观众的学习需求。具体来说，创作者可以借助自己对所在行业的了解，从专业媒体、大学课程、相关图书等方面寻找合适的选题和内容，还可以向业内资深人士学习请教，将实用性强的知识技能分享给观众。

2. 以生动活泼的方式讲述知识内容

知识分享类短视频所面对的观众群体十分广泛，他们的职业、年龄、受教育程度各不相同，对知识的理解和应用能力也有较大的差别。因此，创作者在创作短视频文案时，要充分考虑观众群体的接受能力，以通俗易懂、轻松活泼的方式讲述短视频内容，使他们能轻松理解短视频中的知识。

另外，创作者在文案中还可以设计多种形式的实操演示，选择有代表性的案例，既能提高作品的吸引力，又能有效帮助观众理解和记忆短视频中的知识点。

3. 重视对知识内容的考证

知识分享类短视频对观众最大的吸引力在于传播有价值的知识内容，提高观众的知识储量和实用技能，为他们带来实实在在的收益。因此，观众希望能够从中学到科学、实用且权威的知识。同时，他们十分反感那些粗制滥造、错误频出的知识分享类短视频，甚至会向平台投诉这些作品和创作者。

所以，创作者在创作每个短视频时，要在文案创作阶段以严谨的态度对短视频中涉及的知识内容进行认真考证，再三核实重要名词、观点、技巧等信息的准确性，确保作品中的知识不出现错误，以提高其在观众心中的权威形象，提升个人品牌影响力。另外，创作者在创作短视频时，还要认真检查和校对文案的语句，及时修改写作中出现的遗漏或表述不清等问题。

4. 对知识点的讲解不宜过于冗长分散

与传统的冗长枯燥的教学长视频相比，知识分享类短视频短小精悍、便于碎片化学习。因此，创作者要将知识体系进行科学划分，将每一个知识点做成相对独立的短视频。对于一些内容较多的重要知识点，创作者可以酌情将其分为两个或三个短视频，但是不宜分开更多，以免观众产生观看疲劳，降低作品的浏览量。

例如，某知名天文科普达人在发布与黑洞有关的短视频时，就用了两期短视频讲清楚了黑洞形成的原因以及其自身蕴含的奇特物理特性，得到了广大观众的好评。此后，他又推出了与黑洞有关的其他短视频作品，大多是以单期或上下集的形式推出，方便观众在短时间内看完这些作品。很多观众在看完后还积极参与评论互动，极大地提升了作品的热度。

4.2.2 知识分享类短视频文案结构

通常来说，这类短视频可以分为口播和教程两种。前者是以创作者出镜讲述知识内容为主，会加入图片、动画等相关内容，适用于人文、历史等领域的短视频创作。后者是以展示与知识有关的内容为主，创作者不出镜，适用于物理、化学、工程技术、书法等领域的教学短视频创作。因此，它们的文案结构也不相同。

1. 口播知识分享类短视频文案结构

（1）开篇点题：主要是一两句话并配以插图或视频，简短扼要地引出短视频的主题，以激发观众的观看兴趣。

（2）知识讲解：这是短视频的主要内容，创作者详细讲述本期视频中涉及的知识及其背景等信息，中间配以插图、动画等资料，以丰富内容。

（3）总结回顾：创作者在短视频的结尾对其知识点进行总结或升华，以利于观众记忆。有的创作者还常常以带有显著个人风格的Logo或轻松有趣的互动语作为结尾。

2. 教程知识分享类短视频文案结构

（1）开篇点睛：创作者常用一两句话引出本期短视频的知识主

题，并点出其对观众的有利之处。

（2）教学步骤：创作者用插图、动画等方式详细讲述知识内容以及相关的操作步骤、方法等内容。其中，创作者可以用详细讲解、特写等方式突出知识重点。

（3）实验实践：创作者以实操案例或实验演示的方式帮助观众更好地了解知识及其运用。

（4）注意事项：创作者用简要的话语提示观众学习知识时应注意的问题及难点的解决方法。

（5）总结回顾：创作者常以列表或要点罗列等方式对内容进行总结，以加深观众的印象。

4.3 体验测评类短视频文案创作技巧和结构

近些年来,人们在生活水平不断提高的同时,也更加关注商品品质,在购买前主要会通过短视频等方式充分了解其性能、性价比等信息。因此,体验测评类短视频成为大受欢迎的一个赛道。很多创作者凭借对某一领域商品的了解和公正客观的测评而深受粉丝信赖,其测评结果也成了粉丝购买商品时的重要参考因素。不仅如此,很多厂家也纷纷寻求与达人合作,展现自家商品的优良品质和周到服务,提高品牌知名度和销量。可以说,体验测评类短视频是一个非常有前景的赛道。创作者要想在该赛道做出优秀的短视频作品,就需要掌握相应的文案创作技巧和结构。

4.3.1 体验测评类短视频文案创作技巧

1. 以客观中立的立场创作文案

创作者要想使自己的作品得到观众的认可，就要秉持客观中立的立场对商品进行测评，避免有意夸大或贬低商品的某些特性，实事求是地展现商品的优点和缺点，给观众以真实全面的信息，以方便观众做出理性选择。

例如，某家用电器测评达人在对某款微波炉进行测评时，在文案中客观讲述该商品的设计理念、最新功能等，也讲出了在使用中发现的一些问题，如触摸屏中的菜单设计不太合理，微波炉内部空间在清洗时不够便捷，等等，得到了很多观众的点赞。

2. 从观众角度创作测评文案

创作者在确定将某款商品作为本期测试对象后，就要从使用者的角度仔细观察和体验该商品。其核心就在于将其置于实际使用环境中，以真实的使用方式进行测评。这样测试出来的结果对观众才有较高的参考价值。因此，创作者要充分了解观众对该商品的实际需求，并将之细化为多个测评项目，然后逐一检测并记录结果。在创作文案时，创作者应根据观众的关注程度安排测评顺序，使作品既有条理性又能较好地激发观众的兴趣。

例如，某测评达人对新上市的几款知名品牌电动自行车进行对比测评时，分别从外观颜值、电池续航、驾驶舒适度、乘坐舒适

度、智能化管理等方面逐一体验对比,使观众在短短的几分钟内对这些商品有了较全面的了解,得到了诸多好评。

3. 多角度测评商品的主打卖点

每一款商品都有自己的独特优势,这也是厂家向消费者传达的主要卖点。例如,厂家常常以这些卖点为核心创作多种广告,进行多种方式的推广,力求在广大观众心中留下深刻的印象。在文案中,创作者可以围绕这些卖点,从多个角度进行评测,并一一展现给观众,使观众能看到真实的使用体验。

例如,有多个品牌手机厂商在广告中宣称自家商品的拍照功能强大,而很多消费者无法辨别各款商品的优劣之处。某数码商品测评达人以此为主题,分别从有效拍照距离、夜间拍照效果、照片色彩饱和度、抓拍功能、防抖功能等方面对这几款手机的拍照功能进行测评对比,并将测评数据和真实的拍照效果呈现给观众,使观众了解了这几款手机的真实拍照效果,受到诸多好评和转发。

4. 详细讲解商品的使用心得和技巧

体验测评类短视频创作者往往是最新上市商品的首批使用者,其对商品的观感和使用体验对粉丝有着巨大的影响力。粉丝不仅重视达人对该商品性能方面的评价,还常常希望得到使用技巧方面的指导和提示。这是因为每一款新商品上市之后,其功能和使用方法与以往的老款商品都会有些不同,而这对消费者来说就是一个陌生的领域。

因此，创作者在文案中，除了讲述对商品主要功能特性的测试过程和结果，还要安排一定的篇幅向粉丝分享自己的使用技巧。这不仅满足了粉丝的心理需求，还提高了作品的实用性，增强了体验测评商品的真实性。

例如，某知名汽车赛道的达人在测评一款新上市的新能源电动车时，对其续航能力、驾驶体验、底盘稳定性、人机互动、碰撞测试等进行测评之后，还特意讲了这款电动车的辅助驾驶技巧及车载电池扩展应用技巧，使观众对该电动车的性能及实用性有了更多的了解。

4.3.2 体验测评类短视频文案结构

体验测评类短视频一般分为单商品体验测评和多商品对比体验测评两类。前者是达人对某款新商品进行详细体验和评测，后者是将同价格档次的多品牌商品对比检测展示。在文案结构方面，它们各有侧重点。

1. 单商品体验测评类短视频文案结构

（1）提出主题：创作者在短视频的开头提出和该商品有关的主题，激发观众的观看兴趣。

（2）商品概要：创作者简单介绍该商品的品牌、型号、外观、用途等信息，使观众对其有初步的认识。

（3）各场景使用过程展示：创作者向观众展示该商品在各种场

景下的使用过程，并重点展现商品的核心功能、主要功效等，有利于观众了解该商品的主要功能和使用情况。

（4）总体评价：创作者根据自己的使用体验，从客观角度点评该商品的优点和缺点，以帮助观众更好地了解该商品。

（5）购买建议：创作者简要列出该商品的最佳使用场景，并提出自己的购买建议。

2. 多商品体验测评类短视频文案结构

（1）提出主题：在短视频开头，创作者就明确讲出该短视频的主题并与其他商品对比，以激发观众的观看兴趣。

（2）各商品概述：创作者简单介绍各商品的品牌、型号、特点、价格等基本信息。

（3）分要点测试对比：创作者列出测试清单，并依顺序对这些商品进行检测对比，帮助观众了解每款商品的具体性能和优势。

（4）测试总结：创作者对以上测试过程进行简明扼要的总结，并客观讲出自己的体验感受及使用技巧。

（5）购买建议：创作者依据上述测试结果向观众提出具体的购买建议。

在诸多短视频类别中，才艺展示类短视频以种类广泛、内容精彩和娱乐性强而成为深受观众喜爱的一类短视频。

对创作者而言，通过短视频展示自己的才华不但能收获许多忠实的粉丝，还能提高自己的知名度，以实现日后的多种商业变现。可以说，创作者只要掌握了相应的短视频文案创作方法，就能最大限度地将自己精彩的才艺展示给广大观众，迅速提升自己账号的影响力。

4.4.1 才艺展示类短视频文案创作技巧

1. 围绕才艺设计有特色的短视频主题

很多短视频创作者的才艺主要集中于某一专业领域的某些方面，如舞蹈中的民族舞、武术中的太极拳、书法中的草书、声乐中

的通俗唱法等。因此，创作者在每期短视频文案中要突出主题，使其符合自己的才艺特长，又避免与往期作品雷同，以吸引更多观众观看。

例如，擅长创作人像摄影作品的达人，可以分别以年龄、性别、职业、时间、场景等为主题拍摄作品，既淋漓尽致地展现了个人特长，也使每件作品都有独特的内容，得到了很多摄影爱好者的好评，也收获了许多粉丝。

又如，跑步达人在创作短视频时，分别以晨跑、下午跑、夜跑、短跑、长跑、超慢跑、登山跑等为主题创作短视频作品，展现了不同跑步运动类型的特点，也丰富了作品内容，得到了很多好评。

2. 解说配合才艺展示

这类短视频最吸引人的地方就是用短视频的方式展现创作者的才艺瞬间。因此，在这类短视频文案创作中，创作者要树立"解说配合才艺展示"的观念，将主要内容留给形象化的才艺展示，文字及配音解说能讲清楚才艺内容和相应要点信息即可，不宜长篇大论讲述才艺内容，以免给观众带来不良的观看体验。例如，某舞蹈达人在短视频中展示自己优美的孔雀舞表演片段时，仅在短视频开头部分添加了一行文字"练了三个月的孔雀舞，你来看看怎么样"，既不影响观众观看舞蹈表演，也点明了这个短视频的主题和自己的辛勤努力，得到了较好的反响。

3. 在文案中精心设计精彩才艺内容

对观众来说，这类短视频最有吸引力的是在相应场景下的精彩才艺表演片段。创作者在文案阶段就要精心设计才艺表演内容，争取以有创意的才艺表演片段赢得观众的赞誉。具体来说，创作者可以设计在不同环境下进行相同才艺的表演，也可以设计相同场景下不同才艺的展示。

例如，某书法达人选择著名古诗词作为书法表现内容，并分别在高楼大厦的落地窗上、农家小院的墙壁、海边沙滩等地方写下同一首草书体古诗，在不同环境中展现出了不同的文化韵味，得到了很多观众的点赞。

4. 在文案中加入娱乐化元素

短视频自从诞生以来就有着很强的娱乐性。在各大平台中，那些能给观众带来乐趣的短视频常常成为爆款作品。因此，才艺展示类创作者在创作短视频时也要加入娱乐元素，提高作品的吸引力。那些只展现才艺而不重视娱乐性的创作者的作品往往无法取得理想的浏览量和互动率，粉丝数量增长也较为缓慢，严重影响了其在短视频领域的发展。具体来说，创作者可以在文案中加入幽默的文字提示或有趣的解说配音，还可以设计夸张的动作或表情，以提高作品的娱乐性。

此外，创作者还可以在文案中加入当下的流行梗或娱乐热点，使才艺表演更有趣味性。例如，网络上曾有一段时间流行以 A4 纸展现女性的柳腰之美，某民族舞达人将其与舞蹈结合，形成了别具一格的"A4纸民族风舞蹈"，火爆全网。

5. 适当讲解才艺技巧，提高观众的观赏兴趣

很多观众在观看才艺类短视频时，常常对其中技巧产生兴趣并进行模仿，但因不得要领而失败。因此，创作者在展示才艺的同时适当对其中技巧进行讲解，会更加受到观众的喜爱。一般来说，创作者在创作文案时可以选择简单易行的才艺技巧进行讲解，使观众能快速理解并应用。这种方式不但能向观众展现创作者的专业实力，还能拉近创作者与观众之间的心理距离，有效提升粉丝黏度。

4.4.2 才艺展示类短视频文案结构

这类短视频主要以单人才艺展示为主，重点展现创作者的拿手绝活及个人风格。此外，还有部分短视频以展示多人才艺为主，主要用于相声、乐队及多人杂技等类型的才艺展示。它们的文案结构也有所不同。

1. 单人才艺展示类短视频文案结构

（1）介绍主题：在短视频开头部分，创作者以简短文字或画面与文字结合的方式讲出本期短视频的主题及其他提示，以方便观众了解作品主题。

（2）场景才艺展示：创作者在精心设计的场景中展现一段精彩的才艺展示，有时会加入简短的才艺技巧讲解。

（3）结尾：创作者常常以互动文案或个人形象Logo展示作为结尾。

2. 多人才艺展示类短视频文案结构

（1）介绍主题：创作者以简要文字介绍本期短视频的主题。

（2）主角才艺展示：主角在短视频中占据主要地位，首先出场进行精彩的才艺展示，并以巧妙的方式引出配角出场。

（3）配角配合：配角出场与主角互动表演，以衬托主角的形象为主，并在与主角互动中形成戏剧性冲突，增强作品的吸引力。

（4）结尾：创作者在结尾部分常常再次突出主角形象，以利于提高其个人形象和观众对其的熟悉程度。

4.5 生活记录类短视频文案创作技巧和结构

在各大短视频平台中,生活记录类短视频以展现人们的真实生活、体现各地不同的风土人情、传达美好的情感体验等特点受到许多观众的欢迎。不少创作者在记录生活的同时也成了知名达人。每年都有许多新人加入这一赛道中,希望能够闯出属于自己的一片天地,但是大多数人都没能实现梦想。究其原因,主要是他们没有重视这类短视频的文案策划和创作工作,仅仅关注对日常生活的拍摄,结果事倍功半,无法持续创作出高质量的作品。

因此,有志于从事这个赛道的创作者要熟练掌握相关文案创作技巧,用心打磨每一个短视频,才能有机会创作出爆款作品,进入发展的快车道。

4.5.1 生活记录类短视频文案创作技巧

1. 突出真实性

这类短视频受到观众欢迎的原因是真实地展现了某类人的生活状态、精神风貌和真情实感。相反，观众对那些矫揉造作、表演性强的生活记录类短视频较为反感，认为它们过于虚假，没有观看的价值。因此，在创作这类短视频文案时，创作者要用贴近生活的语言描述短视频中的场景和事情，用接地气的词句表达自己的内心感悟和真情实感。

例如，某著名"三农"短视频达人用手机镜头真实记录了农村耕田、做饭、捕鱼等生活场景，推出了一系列展现当代东北农家人积极乐观、勤劳热情的精神风貌的短视频，在很短的时间内就爆火了。

2. 重点展现有特色的生活方式

俗话说"人间百态，众生百像"，每个家庭都有自己独特的生活方式和状态。人们通过短视频观看不同地域、不同家庭的真实生活记录，不仅能扩展自己的视野，增加对社会的了解，还能从中感受到这些生活场景中展现出来的种种情感，并产生共鸣。因此，创作者应结合观众的这种观赏心理，在创作文案时将重点放在体现家庭独有的生活方式和个性化的品位追求上。

例如，某达人在记录家乡农村亲戚搬家的场景时，着重拍摄搬家的仪式、室内布置以及老人对家中物品的不舍之情，并在文案中写出老人对故居的留恋、晚辈对新房的喜爱，以及双方因搬家而产生的理念差异等，展现了老人与年轻人之间的浓厚亲情和观念交锋，给观众以真实而有共鸣的观赏体验。

3. 善于融入感人的生活细节

在众多创作者的不懈努力下，各大平台每天都会产生海量的生活记录类短视频。其中有的作品就能凭借丰富而有趣的细节打动观众的心，赢得他们的赞誉，甚至成为赛道中的爆款作品。这种爆款作品的创作者都以热爱生活的饱满热情细心观察生活中的种种细微之处，并将自己的所思所想记录下来。在创作文案时，他们细心规划了拍摄的主题和需要关注的生活细节，然后在拍摄过程中依据文案提示有意识地记录令人感动或快乐的细节，并将其融入短视频之中。随后，他们以精练的文字升华作品的主题和情感，从而打动观众的内心，引发他们的赞赏之情。

4. 适当讲解相关生活习惯或文化习俗

生活记录类短视频犹如一个个浓缩的纪录片，将普通人的真实生活展现在无数观众面前，使他们了解了不同地区的生活习惯和文化习俗。因此，创作者在文案中要加入对家庭成员生活习惯以及当地习俗的讲解，既有利于观众更好地理解作品中的人和事，也向他们传播了独具特色的传统文化习俗。

例如，有少数民族创作者在展示当地传统生活习惯时，就在文案中写出了该习惯的历史来源及如今的影响，使观众能更深入地理解他们的生活方式和文化观念。这些短视频发布之后，得到了各地观众的点赞和转发，很快成为热门作品。

4.5.2 生活记录类短视频文案结构

在创作这类作品时，创作者常常将自己融入短视频之中，引导内容的发展，并通过出镜讲解或配音解说的方式进行相应的介绍，深受观众欢迎。

（1）简洁开场：创作者往往以一两句话或一行文字作为开场介绍，点明作品主题和需要观众注意的内容关键点。

（2）开端与发展：创作者记录生活故事的开端和发展，并辅以画外音解说，帮助观众更好地理解短视频中的人和事。

（3）高潮：创作者在这部分主要展现该生活片段中的精彩部分，或者人物之间的冲突，或者意外转折带来的惊喜等，给观众以较强的冲击力。

（4）结尾：创作者常常以简短话语或有含义的画面作为作品的结尾，有时还会提醒观众观看下期短视频，以了解人物的后续故事。

4.6 情感类短视频文案创作技巧和结构

有一类短视频自诞生至今一直受到许多观众的追捧,已经成为经久不衰的黄金赛道,它就是情感类短视频。这类短视频以各种情感为作品主题,通过故事演绎、真实案例等方式抒发创作者的内心情感,打动观众的心,从而提升作品的点击率和热度。这类短视频涵盖范围很广,既可以讲述亲子之间感人的亲情,也可以展现人们的爱国之心,还可以讲述美好的爱情,等等。可以说,这个赛道的创作者有着广阔的发展空间,只要掌握了这种文案的创作方法,就能持续推出深受观众欢迎的高质量作品。

4.6.1 情感类短视频文案创作技巧

1. 围绕情感创作文案

这类短视频以展现人们的各种情感为主题,传达对美好情感的歌颂与追求。因此，创作者在文案阶段就要注重梳理相关资料，用富有感情的文字讲述精彩的内容，完整地展现出作品蕴含的真情实感。

另外，创作者还要在文案中合理安排所要表达的情感内容，展现出情感产生、发展的完整过程，使观众在观看中能更好地理解主题，产生情感共鸣。

例如，某达人在创作与爱情有关的短视频时，在文案中描写了二人之间有关红豆的故事，并辅以"每次看到手腕上的红豆手链时，就能想起你那无微不至的关怀"等文字，给观众满满的温馨情感体验。

2. 每个短视频重点展现某种情感的某个方面

短视频的时长基本在两三分钟内，能够容纳的内容有限。倘若创作者在其中展现多种情感主题，就会导致视频内容杂乱，不利于观众观看。另外，每一种情感里都蕴含着多方面的细分内容。例如，以友谊为主题的情感中有信任、帮助、关心等方面的内容，创作者在文案中紧紧抓住这类情感主题的某方面进行充分展示即可，如从多个角度展示朋友之间信任的宝贵，通过细节展现信任带给人的温暖和幸福感受等。同时，创作者在文案中要将与该主题无关的其他情感元素都去掉，以免喧宾夺主，影响观众的观感。

3. 注重用生动的故事展现美好的情感

通过故事体会真挚的情感是人们的共同追求。因此，创作者在

创作文案时要精心挑选感人至深的故事或富有代表性的真实事例，并展现其中关键情节，使观众在欣赏故事的过程中得到美好的情感体验。例如，某达人将朱自清的散文《背影》与普通家庭中父亲呵护孩子成长的真实感人故事结合，创作出了几个以父爱为主题的短视频，在发布后得到了良好的反响。

4. 适当用哲理为故事点睛

这类短视频不但能给观众带来情感触动，往往还能引发他们的多重思考。因此，创作者在文案中着重展现美好情感的同时，还要能将这些情感升华，用带有哲理性的文字总结短视频中的故事和情感，使观众能更深刻地理解作品主题。

需要创作者注意的是，这类文案内容的篇幅不宜过多，用几句恰到好处的文字作为点睛之笔即可，以免铺陈过多给观众以说教的感受。例如，某达人在创作关于人与人之间的关爱与帮助的短视频时，用了一连串路人相互帮助的场景，展现了素不相识的人心怀善意、主动伸手帮助他人的情节。创作者在短视频结尾以"送人玫瑰，手有余香，你我皆是幸福之人"的文字作为结尾，升华了主题，得到了许多观众的点赞和转发。

4.6.2 情感类短视频文案结构

这类短视频一般可以分为口播和非口播两种表现形式。它们的文案结构类似，但前者适合善于出镜讲述故事的创作者，有利于树立其个人品牌形象；后者适合不善于出镜口播的创作者，以丰富多彩的内容取胜，能吸引更多观众的观看。

（1）点出主题：创作者往往用两三句话点出短视频的主题及故事悬念，以引起观众关注。

（2）开端与发展：创作者重点介绍故事的起因与发展过程，便于观众了解故事的全貌。

（3）高潮：主要展现情感故事中的戏剧性冲突或转折，这是作品的重点部分。

（4）结尾及哲理升华：创作者在这部分常以简短的语言讲出故事的结局，并以富有温情的话语对故事进行点评和升华，使之富有哲理性。

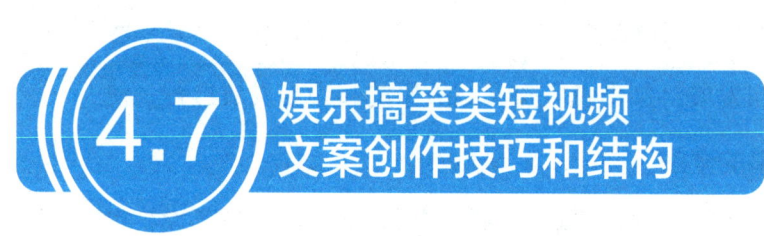

4.7 娱乐搞笑类短视频文案创作技巧和结构

在各大短视频平台中,娱乐搞笑类短视频以丰富多彩的内容、幽默接地气的语言和各种搞笑情节吸引了大批观众的关注。观众在捧腹大笑之余,还常常将短视频转发给亲朋好友共同欣赏,有的甚至积极参与评论区讨论。这些行为有效提升了作品的热度,还有利于创作者从默默无闻的新手快速晋升为知名达人。他们在给广大观众带来欢乐的同时,也实现了账号流量的变现。一般来说,这种短视频有着庞大而稳固的观众群体,创作者只要掌握了相应的文案创作技巧,就能很快创作出质量上乘的短视频文案。

4.7.1 娱乐搞笑类短视频文案创作技巧

1. 营造出违背观众预期的效果

创作者在文案中可以通过构建正常的生活或工作场景,使观众观看时产生"这故事符合现实"的感受。创作者在后续剧情中有意制造出与观众预期截然不同的结果,使观众在希望落空后产生会心的笑声。例如,某创作者在为朋友精心制作果茶时,误将味精当作糖放入了茶壶中,从而产生了很强的喜剧效果。

2. 善于制造夸张效果

在剧情中加入夸张的表演是娱乐搞笑类文艺作品的常用手法。从电影默片时代著名艺术家卓别林的表演,到后来的情景喜剧以及各类喜剧电影、舞台剧和短视频,都离不开演员的夸张表演带来的娱乐效果。这种方式是通过较为夸张的表情、动作或情节将剧情中的笑点放大,从而产生喜剧效果。例如,某娱乐搞笑达人在短视频中表现害怕蜈蚣的桥段时,就展现了非常夸张的反应,包括惊慌失措地跳起来、发出高声求救、在逃离时多次跌倒等。观众看过后忍不住捧腹大笑,并纷纷转发,使该作品在短时间内就成为热门短视频。

3. 模仿生活中的滑稽事情

优秀的作品主要来源于生活的积淀,娱乐搞笑类短视频同样如此。创作者在日常生活中要善于观察带有滑稽色彩的事情,并将其记录下来。创作者在创作短视频文案时,要对这些事情进行修改完善,放大其滑稽元素。例如,某娱乐达人创作了一系列模仿大学老师教学和生活情景的短视频,作品中充满了来源于现实的滑稽事情,许多观众在观看后都乐得哈哈大笑。

4. 善于自嘲

在喜剧中，主人公常常通过嘲讽自己来化解面临的尴尬处境，这种方式能带来许多幽默效果，还能拉近观众和创作者之间的心理距离。创作者在文案阶段就要精心设计自嘲桥段，并将自己较为明显的一些缺点作为自嘲内容，如有特点的外表、与众不同的走路姿态等。需要注意的是，创作者要在文案中把握自嘲的尺度，既要能达到喜剧效果，又不宜过度自嘲，以免观众产生不适的观看感受。

5. 融入诙谐幽默的语言

在这类短视频中，创作者除了要精心设计故事情节、主人公的表情及肢体动作，还要再三锤炼语言，使其充满诙谐幽默感。可以说，高超的语言技巧能在瞬间抓住观众的心，使他们在欢笑中增加对作品及创作者的好感，甚至"路转粉"。一般来说，创作者在创作文案时常常采用双关语、顺口溜、有趣的比喻等方式，写出令人忍俊不禁的语句。此外，创作者还可以将当下流行的网络语及热梗融入作品中，既接地气，又能紧追流行热点，有利于作品的传播。

4.7.2 娱乐搞笑类短视频文案结构

这类短视频的表现形式多种多样，既有单人表演类短视频，也有多人配合类短视频，还有视频剪辑与配音解说结合的搞笑作品等。但它们的文案结构是相同的，都是通过一个较为独立的片段展现喜剧内容。

（1）开篇铺垫：创作者以一个看似合情合理的日常场景作为开头，引出后续的喜剧性剧情。

（2）违背预期：创作者在这部分常常设计既符合逻辑，又与观众心理预期不同的情节走向，使其在诧异之余仍感觉合情合理。

（3）喜剧效果：创作者着重在此抖出作品中最大的"包袱"，使观众看到后产生幽默搞笑的感受。

（4）结尾：创作者常以标志性的夸张表情或有互动性的语言作为结尾，以保持作品的完整性。

4.8 社会热点类短视频文案创作技巧和结构

随着信息传播技术的发展,如今我们身处于"人人都是信息接收者,也是自媒体创作者"的时代。在这种大背景下,社会热点类短视频异军突起。它以时效性强、传播速度快、大众参与度高而备受人们的关注。许多创作者凭借精心制作的社会热点类短视频一跃成为头部达人,拥有了巨大的社会影响力。

社会热点类短视频是以社会上发生的各种热点事件或现象为主要内容创作的短视频作品,涵盖范围广,包括时政、经济、文化、军事、科技、农业等领域。社会热点通常自带话题性,有的还具有很强的争议性,一旦出现就能在短时间内引起大众的关注和讨论。因此,很多新手创作者将其作为自己的发展方向,希望借助这些话题的热度提升自己的账号影响力。但是,创作者需要掌握相应的文案创作技巧,并在实践中不断磨砺,才能制作出广受欢迎的短视频。

4.8.1 社会热点类短视频文案创作技巧

1. 从自己擅长的角度创作文案

很多人认为社会热点类短视频是借了热点事件或现象的东风，随便制作出来就能使作品爆火。其实，这种想法是不正确的。每一个爆款短视频都经过了创作者的精心打磨和制作，包括对相关知识的掌握和对事情的深入分析等。这些都需要创作者有相关的经验和学识。创作者倘若仅仅是跟风制作这类短视频，往往很难有较大的收获。

因此，那些头部达人在创作这类短视频时，都会从自己的专业领域和擅长的方面入手，认真撰写文案并反复推敲和修改，然后制作和发布短视频作品。例如，有经济学类专业背景的创作者，主要会选择相关的社会热点进行创作，既便于他对事件背后的经济原因进行深入剖析，又能形成自己的竞争优势。

2. 多方核实与热点相关的信息

如今，人人都可以参与信息的创作和发布。因此，当热点事件出现时，往往会有许多失真的信息掺杂其中，对人们形成错误的引导。短视频创作者倘若误信了谣言或采用了失真信息，其作品就会引发诸多批评，严重时还会被平台封号处理。

因此，创作者在以社会热点事件为基础创作文案时，要对该热点事件进行深入了解，并多方核实其关键信息和细节，以确保信息

的真实性。创作者可以通过国家官方媒体的报道、相关当事人发布的信息、权威专家的分析等渠道核实热点信息，并在此基础上创作短视频作品。

3. 以客观公正的角度创作文案

许多社会热点事件或现象的产生往往有着复杂的背景因素，容易引起人们的争议，甚至会出现截然不同的争论态势。很多人往往凭借自己的喜好或利益加入争论之中，试图说服别人接受自己的观点。

但是，创作者作为自媒体人，不能以喜好作为评判事情的标准，而是要力争以客观中立的立场还原事情全貌，展现其背后的原因，并公正展现各种有代表性的观点，供观众做出自己的判断。另外，创作者在面对细节模糊、部分事实缺失，或正处于进展之中的事件时，不宜过早下结论，以免出现判断失误的情况。因此，创作者要多留出些时间，了解事情的来龙去脉之后再提出自己的观点。这样虽然不能第一时间抓住热点事件的热度，但能给观众留下"该创作者秉持客观立场、值得信任"的印象，有利于提高创作者的个人影响力。

4. 注重展现热点事件的积极意义

很多创作者在创作社会热点类短视频文案时，将重点放在热点事件本身或其中离奇细节上，希望以此吸引更多观众的关注。殊不知，这样的做法往往无法达到理想的效果。社会热点事件或现象之所以能成为大众关注的焦点，是因为其背后蕴含的复杂原因和巨大的社会价值。因此，创作者在文案中要深入分析热点事件产生的原因、造成的后果，以及对社会进步的巨大作用，并从积极的角度提出自己的看法，以弘扬社会正气，激发观众的社会责任感，形成正能量传播风潮。

4.8.2 社会热点类短视频文案结构

这类短视频的表现形式可以分为两种，一是创作者出镜讲述热点全貌及提出自己的观点；二是创作者不出镜，以展现与事件相关的内容为主。二者在文案创作方面的结构安排是相同的。

（1）开场点题：创作者在开头常用简练的话语点出本期短视频的主题。

（2）热点事件全貌：创作者将自己掌握的热点事件过程梳理后，将其一一讲述出来，以便观众了解该事件的前因后果。

（3）展现关注点：创作者在讲完事情全貌后，还会将自己所关注的点单独拿出来复述和分析，以引起观众的关注。

（4）提出观点：创作者常用生动有趣的话语提出自己的立场和观点，并给出相应的理由，以争取得到观众的认同。

（5）简短结尾：创作者常以感叹式或号召式话语作为这类短视频的结尾，在确保作品完整的同时也再次表达了自己的观点，并鼓励观众参与讨论。

4.9 影视解说类短视频文案创作技巧和结构

近几年来，影视解说类短视频在各大平台中异军突起。它借助影视剧中出彩的桥段和有趣解说，满足了观众短时间内欣赏完一部影视剧的需求，还能实时在评论区进行互动，营造出和谐愉快的交流氛围。这类作品在发布后，往往能在短时间内得到大量观众的点击观看，热度上升之快令人咋舌，其创作者也获得了巨大的流量收益。因此，很多新手创作者也想入局这个赛道。但是，这类短视频文案有着相应的创作技巧，创作者只有熟练掌握后才能不断推出优质作品。

4.9.1 影视解说类短视频文案创作技巧

1. 优先选择最新影视剧作为解说对象

最新上市的影视剧都自带流量和话题，能最大限度激发观众的观看兴趣。因此，创作者可以从当下新上市的影视剧中选择优秀作品进行创作。创作者可以适当加入"××年××月新上市电影解读""某某明星、某某导演联袂打造经典巨作"等语句，既点出了作品的最新时间，又有主演、导演等人的名字，从而吸引更多的观众。

2. 保证剧情的完整性

很多新手创作者在解说影视剧时往往遗失其中重要情节，导致观众产生剧情不连贯的感受，甚至对情节有错误的理解。这会严重影响观众对作品及账号的印象。因此，创作者要在文案阶段认真梳理该影视剧的全部情节，并将主要环节提炼出来，在保证内容精练的同时，也兼顾情节的完整性，使观众有良好的观看体验。

3. 重点展现精彩剧情片段

从观众的角度来看，他们喜欢观看这类短视频的原因是能在了解完整剧情的同时欣赏精彩的剧情片段，感受剧情的高潮内容，从而体会到影视剧的魅力。因此，创作者在文案中应将这些精彩片段作为重点内容展现，如增加其所占时长，进行相应的补充解说和艺术分析，等等，以提高短视频的吸引力。

4. 解说要精练有趣

这类短视频的优势在于通过准确而生动有趣的解说和剖析，使观众在短时间内了解该影视剧的剧情和创作思想，体会其艺术成就。因此，创作者在创作文案时要反复推敲解说词，力争在有限的时长内，以简练的语言准确讲出剧情走向、人物特点及主题思想等内容。另外，创作者还可以不断探索和创新，寻找和自己风格更融洽的解说方式，如幽默、生动、方言等，给观众带来独特的观看体验，有利于提高其个人品牌影响力。

5. 适当添加幕后故事等信息

创作者在撰写这类短视频文案时，还要适当添加该影视作品的幕后花絮、主角背景等信息，使观众能了解影视剧背后的故事，对该作品有更全面和深入的了解。例如，某达人在创作著名的好莱坞科幻电影解说短视频时，就对该影片的导演的创作历程进行了介绍，并展示了拍摄现场花絮，满足了观众了解该影片背后故事的好奇心，得到了粉丝的欢迎。

6. 注意规避影视剧版权

创作者选择这一赛道作为自己的发展方向时，应在遵守法律法规的前提下，合理使用影视剧片段，以免引发版权纠纷。一般来说，创作者可以通过正规渠道取得影视剧版权方的授权，或者使用短视频平台免费提供的影视剧素材。另外，创作者在短视频作品中还要避免直接引用过多的影视剧内容，并在制作完成后认真检查是否有侵权隐患。

4.9.2 影视解说类短视频文案结构

这类短视频主要采用创作者不出镜的方式，按照影视剧剧情发展走向进行讲解，重点是向观众展现影视剧的精彩片段。这类短视频文案结构如下。

（1）开篇点题：创作者大多以简要的开场白介绍影视剧的主题及主要特色，以吸引观众的关注。

（2）剧情开端及发展：创作者简要介绍剧情的开端及发展阶段，以便观众了解影视剧故事全貌。

（3）精彩片段展示：创作者在剧情介绍中，会留出大段时长展现精彩片段和高潮部分，有时还会辅以解说和评析，以改善观众的观看体验。

（4）剧情结尾：创作者常常简略讲述影视剧的结尾部分，并留下令人回味无穷的经典画面，或一两句吸睛文案语句，吸引观众观看该账号的其他作品。

第 5 章

从文案到荧屏,爆款短视频是文、画、音的完美结合

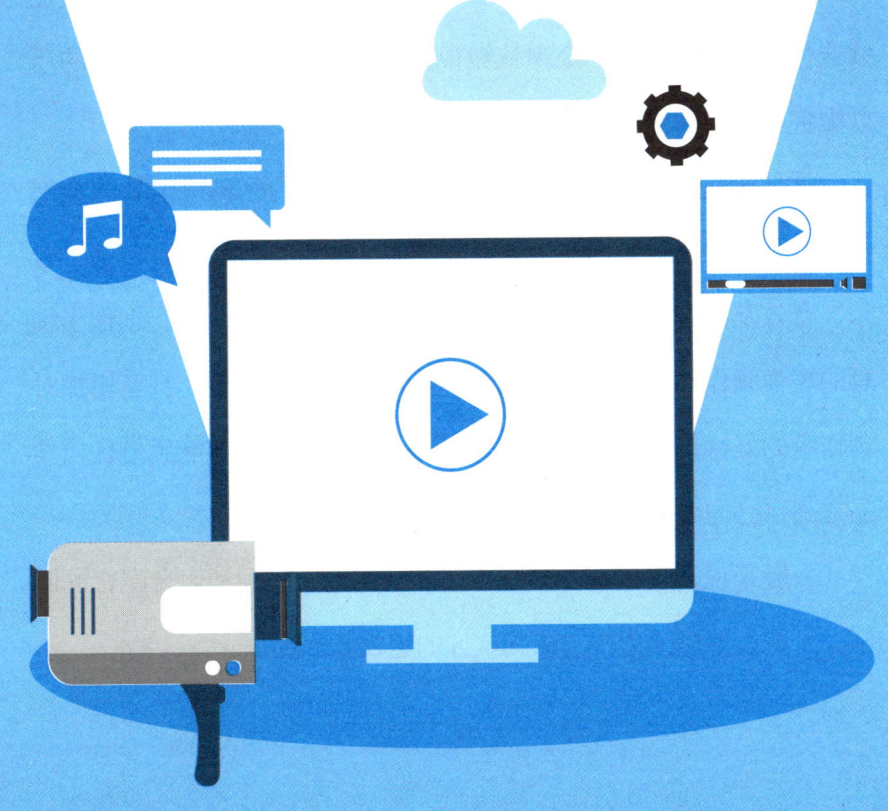

5.1 文、画、音配合好,短视频才合格

短视频刚出现在网络上时,给观众留下的印象是大多数作品画面质量粗糙且文案简单,一副随意制作而成的样子。但是,经过连续迭代之后,如今每一个爆款短视频都堪称文案、画面和声音的巧妙配合,有着很强的艺术感染力。

具体来说,在短视频创作中,文案承载了短视频作品的全部信息及创作提示;画面则是短视频的主要表现形式;声音包括了音乐、音效及配音等部分。当创作者精心调配这几大元素,创作出精彩的短视频作品时,就能使观众产生愉悦的观看体验,甚至增加对创作者的好感,成为他的粉丝。久而久之,创作者就能凭借优质作品提高自己的个人品牌形象和在平台中的影响力。

一般来说,创作者要熟练掌握以下文案、画面和声音配合的原则,才能长期持续创作出深受欢迎的短视频作品。

1. 围绕创作主题安排文、画、音要素

主题是一个短视频的灵魂，起到了统领内容及各表现元素的作用。因此，当创作者确定了本期短视频的主题后，就要以它为中心创作文案、拍摄画面、选择音乐音效等。在具体工作中，创作者要从充分展现短视频主题的角度出发，根据实际需要安排文案、画面和声音，使它们形成"1+1+1＞3"的表现效果。

例如，健身达人创作以户外登山运动为主题的短视频时，其文案可以讲述登山的装备选择、如何预防受伤、体力及能量补充技巧等内容；画面可以展示讲解过程、各种山路的应对场景，以及优美的户外风景等；声音则可以记录创作者在户外运动时的同期声，选择与主题契合的背景音乐。

2. 根据短视频创作流程安排文、画、音环节

创作者最先做的工作就是文案创作，包括确定短视频主题、查找相关资料、选择创作角度，创作短视频中所需要的各种文字材料，并在文案中设计需要拍摄的画面及所需特效、音乐等注意事项。然后，创作者才能有的放矢地去拍摄画面和搜寻音频材料，并进行画面和音频的剪辑和特效处理。

倘若新手创作者在工作中没有遵循这个流程，就会导致短视频内容欠缺、主题不明晰、画面质量较差、音乐与画面不匹配等一系列问题。其作品不但无法得到观众的认可，还有可能因质量较差而被平台下架。因此，创作者要严格遵循短视频创作流程的要求，合

理安排文案、画面和声音之间的关系，制作出高质量的作品。

3. 依据观众的喜好调整文、画、音内容

创作者从事短视频行业的目的，就是通过推出深受观众喜爱的短视频作品提高自己的影响力，并获得相应的报酬。因此，他们在创作中就要重视观众的喜好，根据他们的观看习惯和具体需求调整作品中文案、画面、声音等元素所占内容份额。

例如，某创作者以老年人为目标人群创作民间故事短视频时，就会着重突出故事文案的精彩性和配音的感染力，画面则选取老年人熟悉的民间活动场景。创作者将这些具有明显特色的元素巧妙地结合在一起，考虑到了老年人视力不佳、以听故事为主的娱乐习惯，得到了大量老年观众的好评。

4. 文、画、音要为展现创作者风格和作品特色服务

在竞争激烈的短视频领域，创作者要想闯出一片属于自己的天地，就要持续推出有鲜明个人风格的高质量作品。因此，他们在日常创作中既要保持和发扬自己的个性风格，还要力争每个作品都有令人耳目一新的亮点。这就要求创作者在此基础上合理安排短视频各元素的组合，以凸显作品的整体优势。

例如，有的创作者嗓音浑厚，富有磁性，但是不善于拍摄和制作精美的画面，他就可以在精心创作文案的基础上突出自己的声音优势，购买或使用平台提供的视频素材，以保持作品的质量。还有的创作者善于街头采访和拍摄高质量画面，而不擅长写优美的文

章，也不善于配音，他就可以在内容中减少文字所占篇幅，将重点放在街头采访和拍摄精彩画面上，在后期制作中适当选用部分音乐、音效烘托气氛即可。

5.2 好文案要能讲出画面背后的深意

在各大短视频平台中，每天都会有很多爆款作品出现，吸引了许多观众的关注和点赞。

我们仔细研究这些爆款作品就会发现文案在其背后发挥着功不可没的作用。可以说，优秀文案才是短视频爆火"出圈"的幕后推手。

因此，创作者要善于将自己的所思所想形成优秀的文案，并使其与画面完美结合，从而制作出高质量作品。具体来说，优秀的文案不但要能完整地体现出作品主题，还要能讲出画面无法表达的信息。在具体工作中，创作者常采取以下方法使文案更好地与画面结合，以提高作品的质量和吸引力。

1. 利用文案突出作品主题

鲜明的主题是每一个优质短视频的核心。它能帮助观众快速了解短视频的主要内容，并引起心灵和情感上的共鸣。因此，创作者往往会在短视频标题、开头等处提出主题，并以吸引人的文案语句传达相关信息。可以说，在文案的配合下，短视频会在观众的心中留下主题鲜明、观点独特的良好印象。

例如，有健康达人针对美食与健康关系的主题，创作了以《你喜欢的 8 种美食，实则是热量炸弹》为标题的作品。创作者在作品开头就以文字加图片的方式列出了这八种美食，然后一一讲述它们对健康的不利影响以及合理食用的方法，得到了许多观众的好评。

2. 讲出画面中易被忽略的关键细节

由于短视频的时长较短且画面内容丰富，很多观众在观看时往往会被精彩的画面吸引而忽略其中一些关键信息，不利于全面了解内容，因此，创作者在创作文案时就要列出短视频中的重要细节，并以配音、字幕、符号等形式做出提示，在后期制作中一一展现，例如，有美食达人在创作关于某道名菜的烹饪技巧时，就对核心佐料和关键烹制环节进行了重点提示，哪怕是新手看过后也能轻松掌握要领，烹制出这道美食，因此得到了许多观众的点赞和转发。

3. 讲出短视频背后的故事

每一个短视频都有着不为人知的幕后故事等背景信息，创作者仅仅凭借画面是很难将这些信息清晰完整地传达给观众的，这样不利于他们深入理解短视频的主题，也无法在情感上与他们产生共鸣。因此，创作者在创作文案阶段就要仔细梳理与短视频主题相关的背景资料，并选择重要内容融入文案之中。

例如，有时评赛道的达人在创作关于被媒体誉为"天才"的学生的短视频时，不但讲述了该学生取得的优异成绩及各大奖项，还介绍了该学生的成长经历及父母老师所起到的种种作用，使观众能更全面真实地了解该学生的情况，做出自己的判断，得到了观众的好评。

4. 讲出作品内容的影响和意义

很多短视频不但能给观众带来娱乐和学习方面的帮助，还常常能起到发人深思或启迪心灵的作用。创作者通过文案向观众讲述作品内容所蕴含的深层次意义以及对社会的重要影响，能有效地拓展观众的思路，使他们认识到作品主题和内容的重要价值。

例如，某国学达人在创作以《道德经》为主题的短视频时，就在文案中强调了它对传统文化传承以及人们生活理念的影响，加深了观众对这部经典国学的重视程度，还引发了他们的讨论热情，提高了作品的热度。

5. 以创新的文案形式提高图文配合度

随着创作者队伍的日渐壮大，短视频领域中的竞争也越来越激烈。因此，无论是头部达人还是新手创作者，都需要在文案上下足功夫，不断探索适合本赛道及个人风格的文案形式，使图文配合更加协调，给观众以耳目一新的印象。

例如，搞笑娱乐赛道的创作者可以参考著名笑星的语言风格创作短视频文案，还可以将流行梗及最新笑料融入作品之中，甚至可以借鉴相声等传统艺术形式中的精华，完善自己的文案创作形式。又如，情感赛道的创作者可以借鉴散文式语言风格提高作品的吸引力，故事赛道的创作者可以借鉴微型小说的创作方法写出深受观众欢迎的文案，等等。

5.3 文案助力,声音魅力更难挡

在短视频中,一段富有感染力的朗诵或有趣的解说,不但能很好地配合画面,展现文案中的信息,还能极大地吸引观众的观看兴趣。这是因为声音虽然看不见、摸不着,但有着非常强大的情绪感染力,能通过不同的语调、语速、节奏等,深化观众对事物的情绪感受,也能帮助观众快速理解短视频内容以及创作者的意图。

可以说,美妙动听的声音在很大程度上提高了观众的观看体验,使其更愿意点击观看作品,甚至转发给亲朋好友。因此,每一位短视频达人都十分重视声音,并通过文案精心设计作品的声音内容。一般来说,他们常常采用以下方法提高文案与声音的配合度,增强短视频的艺术魅力。

1. 选择口语化表达方式

短视频是以精彩的画面和动听的声音向观众传达信息的一种传播方式。观众通过短视频中的对话、配音、音乐等声音元素加深对画面的理解，因此他们更容易接受口语化的表达，而不习惯书面语形式的表达。所以，创作者在创作短视频文案时，应采用人们习以为常的口语方式讲解内容，并且避免使用复杂句子，以利于观众理解声音内容。

例如，创作者可以在文案中加入常见的歇后语、流行词汇和表达方式，既能使短视频内容通俗易懂，还能拉近与观众之间的心理距离，赢得他们的好感。

2. 注重多种声音元素的配合

每一位有经验的创作者都十分重视各种声音元素之间的配合。他们会根据不同主题的作品选择相应声音元素，使其与文案完美契合，共同展现声音的无穷魅力。具体来说，短视频中的声音元素主要有同期声、配音、音乐、音效四种。

同期声是指创作者拍摄的视频素材中的人物对话、独白、讲解等声音内容。配音是指记录下来的创作者自己或邀请他人朗读或讲述文案内容的声音文件。也有很多创作者利用短视频制作软件的文字生成语音功能生成配音文件。配音是短视频中极为重要的声音元素，起到了配合视频画面，讲出作品主要内容及主题等信息的作用。音乐是指创作者为短视频选择的背景音乐，用以烘托主题，渲染作品的情感氛围。音效是指短视频中事物发出的声音或短视频制作软件提供的各种声音特效，如鞭炮声、海鸥叫声、海浪声等。音效在短视频中出现的频率并不高，但能恰到好处地体现内容的环境或特色，以及创作者的个人感受。

3. 把握节奏，避免喧宾夺主

创作者在创作文案时要根据作品主题及视频素材的情况确定声音内容的安排。在以创作者讲述事情来龙去脉或阐述道理为主的短视频作品中，声音内容适合以同期声或解说文案为主。

在采访或多人对话等类型的短视频作品中，创作者要在作品中优先展现视频资料中自带的对话同期声等内容，便于观众了解事情的整体信息。因此，创作者所撰写的配音文案要起到对对话及同期声补充说明及重点提示的作用。只有当后者的资料不充足时，创作者才可以增加配音解说的文案篇幅，以帮助观众理解短视频内容。例如，创作者在撰写以街头采访为主的短视频文案时，就要减少解说词所占的份额，加大采访同期声的内容量，并且在适当位置添加简明扼要的背景解说。

4. 重视对声音表达技巧的设计

创作者在创作短视频文案时，还要根据作品类型及内容设计相应的声音表达技巧以体现作品主题，烘托情感氛围。具体来说，创作者可以在文案中的相应地方标识配音内容的语调高低变化，还可以通过设计解说词的停顿时间，帮助观众理解内容。另外，创作者还可以在文案中采用重复强调的方式，提示观众重视某些关键信息或环节。例如，创作者在介绍瑜伽训练方法时，可以重复讲解其中关键技巧，以利于观众理解和记忆。

5.4 文字排版，传达作品主题的好帮手

短视频深受观众欢迎的一个重要因素就是作品能够在极短的时间内传递出主要内容，因此，那些爆款短视频都在准确密集传递信息方面有着过人之处。也就是说，创作者在制作精彩画面的同时，还会利用排版等方式添加各种重要文案信息，帮助观众理解作品内容，以此提高完播率。此外，创作者还常常利用文字排版的方式引导观众参与互动活动，如评论、转发等，有效提高作品的热度。一般来说，通过文字排版提高文案效果经常采用以下方式。

1. 确定在文案中需要排版的文字

在每一个短视频中都有文字排版的需要，而这些文字内容的准确性、简练性及位置都会影响短视频的播放效果，创作者要确定文案中哪些文字需要在画面中展现，以及展现的位置和时长等。例如，在短视频的开头，创作者常以文字的方式讲出该短视频的主题、主人公及其中有趣的信息，以吸引观众的目光，提高他们的观

看兴趣；很多创作者会设计简明扼要的文字，以提醒观众关注一些关键技巧、注意事项等；创作者常在短视频的结尾，以简练的文字总结主要内容以及鼓励观众参与互动。

2. 设计合适的文字排版方式

在短视频中，常见的文字排版要素有字体、大小、颜色等，对观众的观看体验有直接影响。创作者在文案阶段就要根据内容选择合适的字体和颜色。画面中的文字应以简洁易懂为原则，不宜选择草书、繁体字等影响阅读的字体。文字的大小也要依据画面尺寸而定，以利于收看，且不影响画面的表达效果。文字的颜色也是需要创作者精心设计的内容，很多创作者会选择和短视频风格协调的文字颜色，使其更加醒目，在画面中也没有违和感。另外，创作者还可以在短视频中通过增大字号、改变文字位置的方式突出关键信息。

3. 适当用图表、表情美化画面

在短视频文案中，创作者也需要设计相应的图表以展现内容中的一些重要细节，或者添加有趣的表情使画面更加活泼。一般来说，在一个短视频中，图表的数量一般在三个以内即可，过多会导致画面杂乱，影响观众的观看体验。同样的道理，网络流行的各种表情深受广大观众的喜爱，创作者将其应用于短视频中能起到活跃气氛、贴近观众生活的效果，但是，在同一个短视频中设计合适数量的表情图案即可，应避免数量过多导致喧宾夺主，影响作品主题的阐释及感情基调。

4. 字幕要与画面同步

在短视频文案中，创作者要根据画面的时间顺序安排相应的字幕，确保观众在观看短视频时能从同步出现的字幕中得到更多信息，更好地理解相关内容。需要注意的是，创作者还要在文案中设计字幕在画面中停留的时长，使其既能与配音的出现时间契合，又能给予观众充足的阅读和理解时间。

5. 根据需求确定字幕的语言类别

在实际工作中，创作者还要根据传播需求确定短视频中字幕的语言类型，以赢得目标人群的欢迎。例如，某达人在创作以展现客家人生活为主题的短视频作品时，就在文案中加入了客家方言和普通话字幕。又如，有的创作者面向英语学习人群创作相关短视频时，就加入了汉语和英语字幕，以便英语爱好者参考学习。

5.5 善用工具美化画面，提升文案感染力

随着短视频的快速发展，很多创作者越来越重视各种视频特效工具的作用，希望利用它们提高短视频的画面质量，增加视觉冲击力，以更好地体现自己的所思所想。创作者在熟练使用视频特效工具后，就能利用色彩、动画、转场等特效技巧烘托出作品的情感氛围，拉近与观众之间的心理距离。

一般来说，创作者要想取得最佳的视频画面美化效果，就要利用以下方法在短视频文案中精心设计这一环节。

1. 选择与主题契合的特效

短视频的类型和主题不同，其展现的风格也不同，需要的视频特效工具也不一样。创作者在文案阶段就要设计相应的特效选择标准，便于后期制作顺利进行，还能避免盲目选择特效而导致短视频质量下滑。例如，情感赛道的创作者在作品中应使用淡入淡出、怀旧等视频特效，以烘托相应的情感氛围；科技赛道的创作者在作品中应挑选富有科技感的特效，如各种灯光效果等。

2. 选择符合观众喜好的特效

在短视频领域，观众群体不同，其观看偏好及审美也大相径庭。例如，以年轻女性为目标人群的短视频常选用华丽、温馨、时尚的特效；以中年男性为目标人群的短视频常选用稳重、简单的特效。创作者在文案阶段就要认真分析目标人群的性别、年龄、喜好等方面的信息，观看同赛道头部达人的视频特效应用实例作为参考，以更好地满足观众的观看需要。

3. 精心设计特效的时长、位置及效果

创作者在创作文案时，不但要选择特效的种类，还要写出特效的位置、展现时长和效果提示。这样在后期制作时，创作者就可以有的放矢地高效完成视频特效的添加工作。另外，创作者在文案中还要写出对特效的具体期望，有利于在制作时检验和完善。例如，在短视频开头加入线条切割的转场效果，营造出简洁明快的氛围。

4. 标记重要的特效细节

有经验的创作者还会在文案中写下与特效细节有关的注意事项，甚至列出相关清单，以免在后期制作时出现遗漏的情况。例如，他们通常将特效时长、颜色变化等方面的构想及提示写在文案中。一般来说，特效的持续时间应与短视频的节奏相吻合。当短视频内容节奏较快时，特效的持续时间应较短；当短视频的节奏较为

缓和时，特效的时长应较长。

另外，特效的颜色搭配也对短视频有着重要的影响。例如，创作者在策划以真实故事为主的短视频时，在回忆往事部分采用黄色系为主的怀旧色调或黑白色调，既增加了内容的辨识度，也能渲染作品的情感氛围。又如，当创作者在创作以畅想未来为主题的短视频时，常常采用阳光、科技感、梦幻等特效颜色，以激发观众的观看兴趣。

5.选择当前流行特效元素

在各大短视频平台，每过一段时间就会涌现出一些新流行的特效元素，视频剪辑软件也会不断增加新的特效，以便创作者使用。这些新特效往往会吸引很多观众观看，有利于提升作品浏览量。因此，创作者在创作文案时，可以结合短视频内容和需求选择适合的特效元素，给观众以新颖有趣的印象，激发他们观看作品的兴趣。例如，曾有一段时间流行短视频变脸特效，某宠物赛道的创作者利用这种特效将自己的面部图片与家中宠物狗、猫、鹦鹉等的头像互换，产生了喜剧性效果，收获了一大波观众的点赞。

第 6 章

涨粉引流,都离不开文案的精心设计

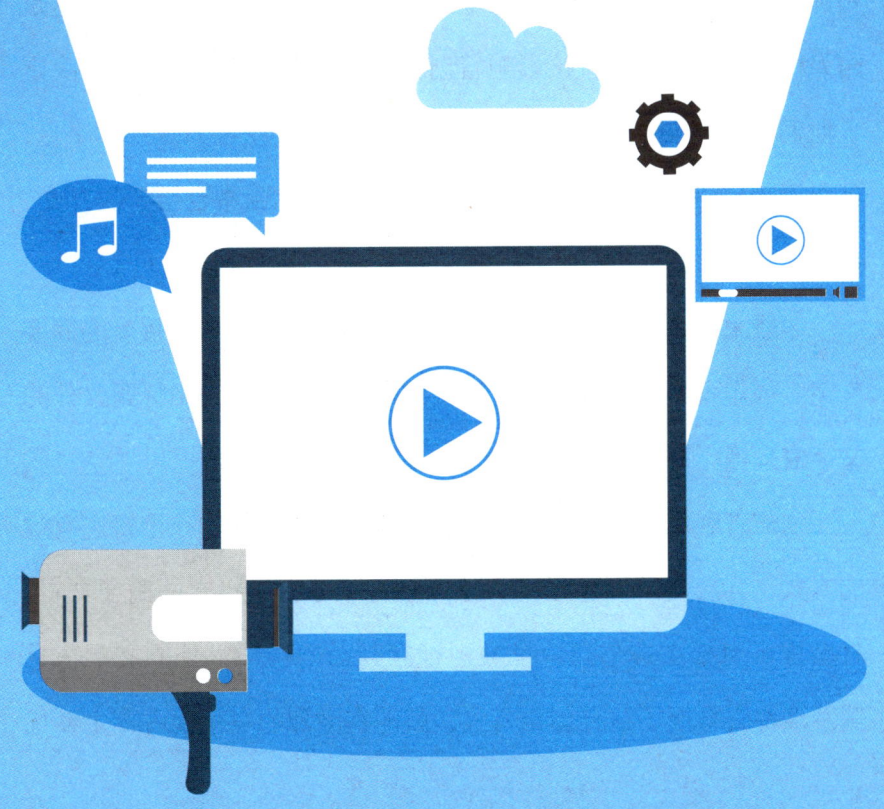

6.1 金句引流，让你的粉丝量飙升

在短视频领域，无论是已经功成名就的头部达人，还是刚刚开始创作的新手，都在孜孜不倦地追求着扩大粉丝量，即引流。这是因为粉丝数量的多少直接影响着创作者的个人品牌的知名度，决定了他们是否能顺利进行商业变现。也就是说，在各大短视频平台，创作者想要进行广告变现或电商带货，甚至拿到平台给予的补贴，都离不开粉丝的支持。

一般来说，引流的形式多种多样，如短视频分享链接上的简要文字、创作者或短视频的推广海报图片、短视频封面中标题之外的文字信息等。

创作者利用文案金句的方式引流是提升粉丝量的一个行之有效的方式，其应用范围包括精心撰写短视频分享链接上的简要文字，打磨推广海报图片信息，推敲短视频封面中标题之外的文字信息等。谁率先掌握了这种创作方式，就能在激烈的竞争中占据主动优势，从而获得丰厚的回报。

要想充分利用文案引流，需要注意以下几方面。

1. 明确讲出作品的价值点

观众在浏览短视频时，常常在一两秒的时间内判断某个短视频是否值得自己点击观看。一般来说，观众关注的价值点范围较为广泛，既可以是符合他们需求的相关知识，也可以是能给他们带来欢乐的内容。因此，创作者可以从作品中提炼出相关价值点并在文案中明确写出，以便在尽可能短的时间内抓住观众的眼球成功引流。例如，美食赛道的达人在讲述健康饮食技巧时，要在文案中写出类似"细数让你边吃边瘦的10种美食烹饪技巧"的语句，使观众直观地了解作品的主要内容和价值。

2. 契合观众喜欢的风格

每个短视频创作者都有自己的目标人群，他们对短视频及文案有着自己的偏好。因此，创作者要对目标人群的喜好进行深入了解，分析哪些语言风格和内容对他们有较强的吸引力，然后在文案中融入类似元素以提高其观看兴趣和认同感，才能引流。例如，很多情感赛道的观众对抚慰人心或激励人积极向上的文案十分感兴趣，该赛道的创作者就能以此为基础创作简练且动人的情感短句，吸引观众点击观看。

3. 激发粉丝的分享欲

许多观众在看到独特新颖的引流文案后，不但会自己点击观看，还常常顺手转发给亲朋好友。这种文案以别具一格的内容牢牢抓住了观众的眼球，并激发了他们与好友分享的欲望。

另外，当下大众关注的流行风尚及各种社会热点也有着巨大的吸引力，与此相关的引流文案也能有效吸引观众的关注。例如，在重大节假日前，很多创作者都会发布与之相关的短视频，并配以精练醒目的引流文案，常常得到许多观众的关注和转发。

4. 给予粉丝群体归属感

群体归属感是指创作者在引流文案中讲出目标人群所属的群体类别，以增强目标人群对该群体的认同感。这种方式能有效唤起观众心中的类别划分意识——"我属于哪类群体？""创作者和我是同类人，非常重视我的感受"等，有利于提高创作者的粉丝量。

具体来说，创作者可以在引流文案中增加粉丝所属类别的相关词语，如天文爱好者、自驾游群体、美食爱好者等，使目标人群看到这些词语后就能产生"我也是其中一员"的感受，进而主动点击、观看和分享作品。

5. 适当使用图片和表情包

在文案中，创作者可以添加活泼有趣的图片或各种相关表情包，使文案更加简洁生动，还能在有限的时间内为目标人群提供更多的信息，提高文案的趣味性，拉近与观众之间的心理距离，成功引流。例如，旅游赛道的创作者在文案中添加有自己出镜的风景照片，就能加深观众对自己个人形象的印象。

6.2 有文案准备的互动才能引来"真爱粉"

短视频创作者基本都十分重视和粉丝的互动。这是因为互动能加深他们之间的联系,提高粉丝对创作者的好感度,还有助于创作者了解粉丝的内心需求及对短视频的偏好。可以说,创作者与粉丝的互动热度越高,其创作积极性也就越强,更容易推出优秀作品,提高在平台中的影响力。

但是,创作者和粉丝之间的互动交流也是有讲究的,即创作者要在文案阶段就认真设计与粉丝的互动内容,并推敲互动语句,以精彩的互动文案赢得越来越多的"真爱粉"。具体来说,以下文案写作手法有助于创作者实现上述目的。

1. 提出有争议性的话题

创作者在文案中讲述过短视频主要内容后,可以顺势提出一个相关的有争议性的话题,以提高粉丝的讨论热情。创作者在粉丝的

讨论中能发现那些倾向于维护自己账号形象、表达类似观点且发言积极的粉丝，他们就是俗称的"真爱粉"。

不过，创作者在采用这种方式提高互动热度时，需要注意控制评论区中粉丝的讨论范围，以免涉及一些敏感话题，引起负面影响。

2. 用巧妙的提问引发粉丝互动热情

很多创作者常常用提问的方式引起粉丝的关注及讨论热情。一般来说，他们常常提出一些新颖有趣的问题，使粉丝能轻松回答，并在讨论中提出自己的依据。

例如，某读书赛道的创作者在解读一部世界名著的内容后，在短视频结尾提出一些开放性的问题，如"你对这本著作中的哪个人物最感兴趣？""你希望我接下来解读哪部名著呢？"每个粉丝都能对这样的问题做出自己的回答，还能给出相应的理由，这就促进了他们参与讨论的积极性。

当然，创作者设置的问题要和短视频内容有一定关联性，以免讨论范围过于广泛而失去重点，影响粉丝讨论的热情。

3. 积极鼓励粉丝参与讨论

创作者在与粉丝的互动中，除了要设置相应的话题，还要及时给予参与讨论的粉丝鼓励，提高他们的讨论热情。具体来说，就是创作者在文案中设计鼓励粉丝参与讨论的语句，如"你的观点很精彩""积极发言，你是最棒的"等。这种方式既能展现自己对粉丝的重视，也能给粉丝留下深刻的印象，使粉丝产生"达人对我的发言充满了欣赏""达人对我的鼓励说到了我心坎上"等感受，从而让偶然参与讨论的粉丝变为"真爱粉"。

4. 表述与粉丝类似的观点

俗话说"志趣相投才能心灵相通"。当粉丝发现创作者与自己有共同的观点和立场时，就会对创作者产生一种"我们是同路人"的惺惺相惜之感，对创作者更加认同和亲近，也更乐意在评论区或群组中参与讨论。因此，创作者在创作文案时要对粉丝群体进行调查，分析他们对相关事情的讨论和看法，然后拟定感动人心的话语以表达对粉丝的支持。

例如，创作者在创作有关传统孝道文化传承的短视频时，可以先了解大多数粉丝及观众的体会和观点，然后拟定相应的互动文案语句，在作品发布后与粉丝讨论时，就能依据情况使用。这种方式比创作者临时应对要更加严谨，收效也更佳。

5. 虚心向粉丝请教

在短视频中，创作者往往以某赛道的资深人士或专家的身份出现在粉丝面前，向粉丝展现其专业能力或其他优势。因此，他们常常在粉丝心中留下类似于"学生尊敬老师"的感受。当创作者以平等的态度谦虚地向粉丝请教时，就会让他们感受到"我也有价值，也能帮助达人"的触动，更容易激发他们的参与热情。

在这种融洽的互动过程中，有很多观众就会成为创作者的"真爱粉",提高对他的支持力度。例如,一位搞笑娱乐达人在短视频结尾虚心向粉丝发出请教:"希望大家能把生活中的搞笑事情分享给我,我愿意再次创作,把作品回馈给大家。大家认为我哪些方面做得不够好,还请不吝指出。"这些话语极大地增加了他和粉丝之间的互动亲密度。

6.3 话术巧妙,粉丝黏度才会更高

在很多短视频达人眼中,通过创作作品持续提升粉丝量是其重要任务,同时他们也十分重视提高粉丝黏度。粉丝黏度指的是粉丝对创作者账号的持续关注时间,对其作品的观看频率,以及对创作者的信任和忠实度。高黏度粉丝是创作者的忠实拥趸,会长期关注创作者的个人动态变化,关心其职业发展,并愿意为创作者出谋划策。可以说,高黏度粉丝群体就是创作者在短视频领域安身立命的基本盘,是其实现商业变现的基石。

但是,提升粉丝黏度并不是一蹴而就的事情,它需要创作者运用相应的方法长期坚持才能见效。创作者需要在每期短视频文案策划和创作阶段加入与提升粉丝黏度相关的内容,并形成有独特风格的文案语句。一般来说,主要有以下利用文案提升粉丝黏度的方法。

1. 适当公开展示与粉丝单独互动的内容

创作者常常与某些铁杆粉丝有较为密切的单独互动。在征得粉丝同意后,创作者可以有选择地在粉丝群中公开部分单独互动内容。这既可以向广大粉丝展现创作者关注每个人的态度,也是对该粉丝的一种赞赏,对其他粉丝有着很强的示范效应,能提高他们对创作者的忠实度和互动热情。

此外,创作者还可以将与粉丝线下互动中的精彩瞬间公布在粉丝群中,让大家看到真实互动场景。这种方式也常常会引来众多粉丝的正面回应,使粉丝体会到自己被创作者和其他人重视的愉悦感受。

2. 多角度赞美粉丝

在短视频领域中,观众大多是喜欢某个或某几个短视频后对其创作者产生了兴趣,因此,他们对创作者持有尊重的态度。倘若创作者真诚对待粉丝并赞美他们的某些行为,就会有效提升自己在他们心中的地位,得到他们的忠实拥护。

在随后的日子中,这些粉丝会持续观看创作者推出的作品。有些热心粉丝还会主动与创作者联系,讲述自己对作品的看法。当这种行为得到创作者的正面反馈后,他们就会产生极大的满足感,对所处的粉丝群体也有了更强烈的归属感。

具体来说,创作者可以从粉丝的留言、评论等方面进行赞美。例如,创作者可以在评论区中写出某粉丝的昵称,并明确感谢他的评论和建议。这种方式能使粉丝产生自己被达人特别关注和赞赏的美好感受。

此外，创作者还可以对全体粉丝进行夸奖，以赞赏他们的共同优点，如"你们是最有创意的粉丝团，我以你们为傲"等。此外，创作者还可以通过录制视频、制作精美图片等方式向粉丝表达感谢和赞美。

3. 营造团结友爱的粉丝群氛围

很多短视频创作者都拥有粉丝群，自己或邀请铁杆粉丝担任群主，负责日常管理工作。但是，创作者要在运营社群前制订好社群管理规范等文案，规划社群发展方向，积极倡导团结友爱的粉丝群氛围，鼓励大家相互帮助、相互成就，吸引更多的人加入这个群体。同时，创作者还要经常策划粉丝群活动方案，举行话题挑战、线下见面会、主题讨论、有奖竞猜等活动以活跃社群氛围，从中发掘更多的粉丝领袖，使他们成为创作者的有力帮手。

另外，创作者还要在社群管理文案中写出特殊情况应对方案，以便能第一时间及时应对。例如，当粉丝之间出现争执时，创作者不能完全交给管理员处理，而是要在第一时间积极响应，以不偏不倚的公正立场帮助双方调解，以有理有利有节的方式平息矛盾，维护社群的良好氛围。

6.4 真诚的背后是精心的语言准备

在人与人之间的交往中,真诚是一种格外宝贵的品质,它能使素不相识的人之间结下深厚的情谊。这个道理在短视频领域同样适用,我们纵观那些久负盛名的头部达人及细分赛道中的新晋网红,就会发现他们在与粉丝相处中都秉持着真诚的态度,粉丝也往往回报以全力支持。可以说,真诚是粉丝与达人之间形成长久亲密联系的有效途径。

在文案创作中,达人可以将自己的真诚转化为动人的文字传递给每一个粉丝,从而巩固和扩大自己的影响力。具体来说,创作者在文案中常常采取以下方法写出充满真挚情感的沟通语句,以实现与粉丝之间理想的沟通效果。

1. 尊重与粉丝之间的差异

创作者的粉丝来自五湖四海,成长经历、受教育程度、所从事的职业,乃至观念都有很大的不同,只是由于对创作者的欣赏而聚集在了一起。因此，他们对某些事情的观点或日常用语习惯等都可能令创作者感到不适。这时，创作者应明白与对方之间存在的种种差异，并提前准备好相应的交流话术文案，以提高交流效率。同时，创作者应以平和的态度沟通，注意不能使用易引起误解或含有歧视性的词语。在遇到激烈的价值观冲突时，创作者也要以博大的胸怀和温和的话语表达对粉丝的尊重。久而久之，创作者的这种真诚态度就会赢得更多粉丝的爱戴。

2. 避免与粉丝发生冲突

创作者在追求涨粉的过程中，不可避免地会遇到受责难或批评的情况。这时，创作者应依据事先准备好的粉丝管理方案冷静对待此事。例如，创作者应深入了解对自己批评或责难的前因后果，再以平和理性的态度应对，并用带有满满真诚感的语句回复对方的质疑，这样可以避免临场应对时出现过激语言的情况。另外，创作者还可以和该粉丝私下沟通，坦诚交流各自的想法，以真诚的态度探寻合适的解决方案，这样能避免双方在评论区或社群等公开场合的冲突，有利于维护和谐的社群氛围。

3. 讲述自己的真实情感

创作者无论是在短视频创作中，还是在与粉丝的互动中，都要真诚地表达自己的内心情感和想法。这样才能真正触动粉丝的心灵，使他们感受到创作者作为一个有血有肉的人的真实可爱形象，从而赢得他们的长期支持。创作者在短视频文案中可以真诚地讲述自己对某些热点事情的观点和感受，还可以介绍自己作为普通人的真实生活状态，使粉丝产生"我和这位创作者都是同样的状态，有着同样的追求"等感受，从而拉近二者之间的心理距离，形成稳固持久的情感联系。

4. 与粉丝分享自己的真实经历

短视频创作者作为公众性人物会受到粉丝的时刻关注，也会遇到粉丝想了解其更多信息的请求。面对这种情况，创作者在合理保护自己隐私的前提下，可以向粉丝分享自己的一些经历，以满足他们的好奇心。一般来说，创作者在分享经历之前都会以文案的方式梳理自己的人生遭遇和感悟等，从中选择可以公开的内容，并将其条理化、系统化。这种方式既能避免创作者在与粉丝交流中不慎泄露个人隐私或说错话，还能给粉丝留下讲述内容有条有理且丰富多彩的良好印象。创作者可以向粉丝分享人生成长历程中的有趣事情、感人事迹或对自己有重大影响的事情，还可以讲述自己的学习和工作心得体会，等等。

6.5 在聊天中挖掘出粉丝的需求

在短视频领域,很多创作者都十分关注涨粉技巧,但是往往忽略了深度发掘粉丝需求这一核心问题,导致涨粉效果及作品热度都不太理想。其中道理很简单,就是观众才是短视频作品的最终消费者,其对作品的观感直接影响了它的各种数据表现。

那些在涨粉方面收获颇丰的头部达人都非常重视从沟通中搜集创作灵感和建议,并以实际行动赢得粉丝的积极支持,他们的新媒体事业在这种良性互动中也得以快速发展。

因此,无论是新手创作者还是腰部达人都要重视粉丝的需求,并以此改进作品创作思路。一般来说,创作者在与粉丝的互动中可以采取以下方式发掘出所需要的信息。

1. 邀请粉丝进行主题讨论

创作者可以定期制订主题讨论方案,然后在粉丝群中开展讨论,鼓励粉丝围绕主题畅所欲言,提出对短视频创作的建议。此外，创作者还可以邀请有相关教育背景或某些特长的粉丝组成访谈小群体，利用线上或线下会议的方式听取他们的建议。这种方式能在短时间内收集到较多的有用信息，还可以增加粉丝与创作者之间直接交流的机会，提高粉丝的互动热情。

需要注意的是，创作者在会后要及时对会议内容进行梳理，选择合理的建议并积极改进。同时，创作者还要在短视频中公开表达对这些粉丝的感谢，提高他们的荣誉感，吸引其他粉丝踊跃参加类似活动。

2. 邀请粉丝填写调查问卷

创作者可以利用相关的网络调查软件设计符合自己要求的调查问卷，还要准备一些小礼品赠送给积极参加的粉丝。这种方式的重点在于设计科学合理的调查问卷，主要包括以下内容。

首先，每次设计的调查问卷都要有明确的主题，即创作者想让粉丝给出哪方面的建议，如短视频内容、短视频选题、创作者个人风格等。

其次，调查问卷中的问题要有针对性，能促使粉丝讲出创作者需要的信息。

再次，创作者应在调查问卷中设计合适的问题数量，一般在20个左右即可。问题数量过少，则调查问卷的效果不甚理想；问题数量过多，则会令粉丝感觉过于烦琐而中途放弃。

最后，对问卷结果进行详细分析和整理。创作者可以应用相关的软件分析工具对问卷结果进行深入分析，以找出粉丝的共性需求，并将其个性需求分门别类，归纳整理为次要参考因素。

3. 与铁杆粉丝进行一对一交流

创作者可以从铁杆粉丝中选择个别人进行有针对性的一对一访谈。在这种交流模式下，粉丝不用顾虑其他人的看法，能自由讲出自己对短视频作品的评价及改进建议。这种方式有助于创作者全面而深入地了解有代表性粉丝的特点和需求，利于他在此基础上做详细的粉丝分类画像。

创作者在与粉丝交流前也要设计一套完整的访谈提纲，以便在有限的时间内发掘更多有用的信息。在与粉丝的交流中，创作者应保持谦虚、尊重的态度，认真倾听粉丝的观点，不宜因为不符合自己的想法而反驳。另外，创作者也可以事先将访谈提纲发给粉丝，在其有所准备后再相约沟通。这种沟通方式可以一次完成也可以多次进行。当创作者与诸多粉丝进行一对一的深入沟通后，就能更全面地了解他们的需求，从而有利于短视频创作的改进。

第 7 章

短视频变现,文案就是你最好的"印钞机"

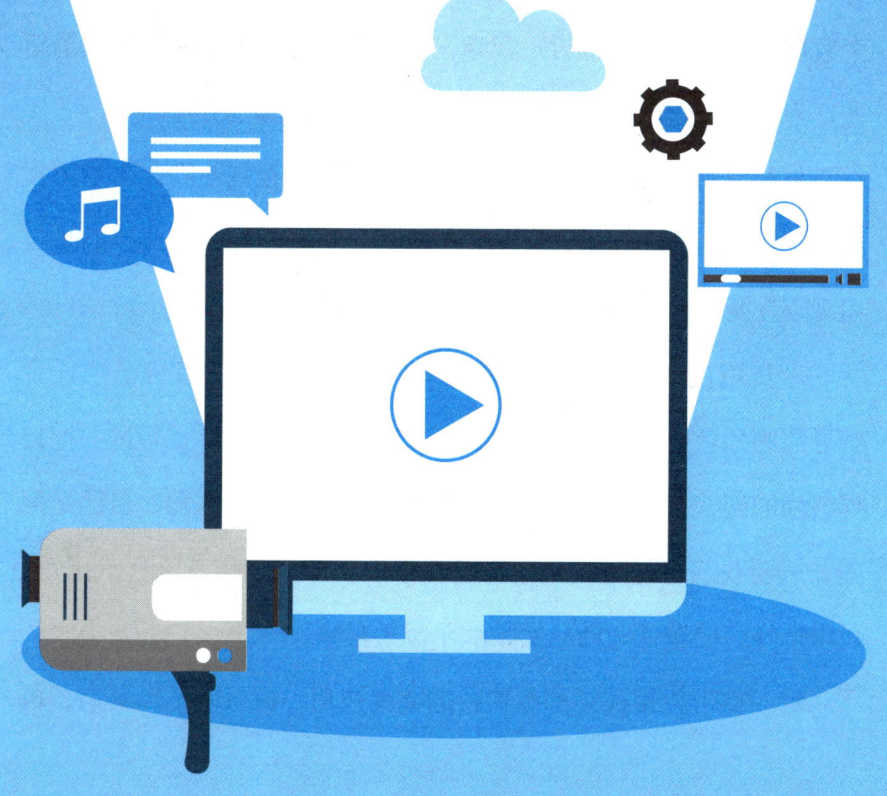

7.1 爆款带货短视频文案的创作技巧

现今大众的休闲方式已经从看电视、拉家常、逛街变成了躺在沙发上刷短视频，那么利用短视频赚钱也理所当然成为创作者的一个致富途径。于是，带货短视频在创作者的支持下迅速成为市场新宠，为亿万观众创造了刷刷短视频就能完成购物的便利条件。

与纯展示、纯输出类的"精神食粮型"短视频不同，带货短视频的创作有更多的要求，文案既要好看，更要好用，最终目的是吸引观众在两三分钟甚至十几秒内心甘情愿地掏腰包。

带货短视频中最常见的类型是口播类，即创作者自己担任金牌导购的角色，用三寸不烂之舌征服观众。如果创作者想过一把自导自演的瘾，可以选择剧情类带货短视频，产品是主角，自己是配角，只要戏演得好，观众就会欣然下单。如果创作者不喜欢出镜，可以选择门槛较低的商品实拍演示类短视频。

每一类带货短视频都有独特的文案技巧，但万变不离其宗，再个性的文案也要以卖货为第一目的。因此，创作者必须抓住以下四个创作要点。

1. 瞄准目标人群，围绕产品卖点下笔

目标人群可谓是带货短视频创作者的"衣食父母"。因此，在进行文案创作前，创作者要先找出自己的目标人群。然后，创作者要对目标人群的购物需求进行深入、全面分析，提炼出产品的卖点。产品的卖点就是文案的灵魂，有灵魂的文案才会产生力度和信任度，才能提升观众的下单率。

例如，有位短视频创作者对宝妈的需求进行分析，发现大部分家有小学生的宝妈都有焦虑，尤其是孩子即将升入小学三年级的宝妈容易对指导孩子学习感到迷茫和无助。该创作者找准卖点后，开始售卖"二升三"衔接辅导神器，并在文案中将宝妈的焦虑与产品优势相结合，获得了较好的销量。

2. 开局即王炸，打造"黄金前三秒"

带货短视频时长短则几十秒，长也不会超过五分钟，想要紧紧抓住观众的眼球，短视频开局就要甩出"王炸"，即抓住"黄金前三秒"。三秒时间虽然很短，但用好了也能上演一出精彩大戏。"三秒大戏"的编排有很多诀窍，惯用的是共情设陷、悬念诱导、感官冲击。

（1）共情设陷。共情是短视频创作者的一项必备技能，只有让观众在视频的前三秒陷入他们精心营造的情绪或情感氛围中，才能

促使其下单。那么，如何打造共情场景呢？可以使用画面设计、音效渲染、话术引导等方式。例如，某创作者在售卖月饼时，开头便展示了全家人坐在院子里边吃月饼边赏月的画面，色调温馨复古，然后配上文字和音乐，简单一句"你还记得童年的味道吗"，让无数观众的思绪飞回了童年时的那个满月之夜，并痛快地下了单。

（2）悬念诱导。看短视频就像破案，有悬念才有吸引力。创作者只要好好利用目标人群的好奇心、好胜心和从众心理，设置各种场景让观众忍不住怀疑、很想看一看真相，就能吸引观众继续观看短视频，最终购买商品。例如，某创作者在售卖吸尘器时，开头设置了一个地面布满纸屑、尘埃、杂物的卧室场景，然后问道："地面这么脏怎么办？"接下来，一台十分精巧的吸尘器出现在画面中，并快速吸附地面上的脏东西，让观众瞬间产生"买它"的冲动。很多创作者都尝试过在短视频开头引用"我不许还有人没用过××""等了半年，××终于降价了""什么东西，居然卖了2000万件"等文字，让观众不得不停下来多看几眼，甚至顺便买一个试一试。

（3）感官冲击。生活中绝大部分事情都是平平无奇的，所以人们对具有冲击性的事物更感兴趣。很多创作者从这个角度出发，在短视频开头展现了极具冲击力的音效、色彩等，立刻吸引了观众的目光。例如，某创作者在售卖口红时，首先展示了口红在阳光下闪闪发光的样子，然后又展示了将其涂抹在嘴唇上的绚丽光泽，给观众以强烈的视觉刺激,从而有力地促进了口红的销量。

3. 简、短、直,精准输出产品卖点

带货短视频文案的重头戏是产品介绍,这个环节犹如求职面试时的自我介绍,面试官即观众想获得什么产品信息,创作者就需要输出什么内容。高质量的产品文案内容要浅显易懂、短小精悍,直截了当,在三言两语之中突出产品卖点,让观众产生"买它有用"的想法。

例如,某创作者在介绍某教辅图书品牌的暑假产品时,特别强调这套辅导资料是大数据规划、名家指导的产物,树立了产品的权威和专业形象,打消了部分观众的顾虑。接着,他又对产品的三个重点特色进行了简短扼要的介绍,让观众快速了解产品。创作者还强调,这款产品有完美的计划性,把孩子从暑假第 1 天到第 30 天的学习内容都安排得清清楚楚,家长无须自己规划。短短一分钟的产品介绍,牢牢抓住观众的心,因此短时间内就创造了极佳的带货成绩。

4. 最后发力,让观众"冲动"消费

有的观众虽然会观看带货短视频,但很少掏腰包下单购买。究其原因,大多是文案结尾的刺激工作没有做到位,导致产品营销后劲不足,没有使观众产生足够强的购物冲动。

其实,购物冲动的背后隐藏的是观众对产品的信任。当观众对价格不满意、对售后有顾虑、对产品实用性有怀疑时,创作者可以

通过话术引导、价格诱惑、售后保障、品质证明等方式激发观众的购买欲望,加深他们对产品的信任感,从而爽快下单。例如,某创作者在短视频结尾最后几秒反复强调"一定要入手一套,我保证你还会回购",这就是在喊话目标人群,强调产品的实用性和高质量,用无形的压迫感促使观众下单。

7.2 付费课程拼的就是内容

在众多短视频类型中,付费课程因品类繁多、内容包罗万象、时间安排灵活、学习效果好、互动性强等优势受到广大观众的青睐。付费课程的受众人群没有行业和年龄的限制,庞大的观众基数让大部分创作者无须为销量发愁,加之单价可观,目前已经成为名副其实的变现"王者"。有的创作者在短短一两年内就通过售卖付费课程实现了财富自由。创作者要先制作一系列有学习价值的短视频课程,然后通过各平台进行售卖,支付完平台佣金后,其余销售额就进入自己的钱包了。付费课程的"吸金力"就隐藏在创作者高超的课程设计技巧和精彩的文案之中,接下来我们就从课程设计和文案创作两个方面讲述付费课程的内容创作技巧。

7.2.1 课程设计技巧

设计付费课程是一个复杂的技术活,创作者在选好赛道、定好目标人群后，还要花费大量时间和精力，通过大数据分析、粉丝互动、问卷调查等方式，收集、整理、提炼本赛道内观众的学习需求和消费能力等，如想学什么、喜欢的课程形式、课程时长、能接受的价格等，为制订课程大纲做准备。

课程大卖要从一个精彩的大纲开始。课程大纲是创作者的工作指南，为其后续的系列操作指明了方向。它也是观众的产品说明书，便于其清楚了解课程内容安排、定价等。

付费课程的内容不同，大纲也就存在差异，但只要向观众讲清楚课程的基本信息即可。

大纲中少不了课程简述，其中课程名称要尽量直白简短，能够帮助观众理解记忆，有利于课程传播。学习目标要具体诱人，让观众一看就心动。课程时长要根据课程内容的多少、难易程度、受众的学习效率等因素而调整，争取让每一位观众都能学有所获。例如，某达人在设计古诗赏析课程时，将每个时代作为一个单元，每个单元分为若干时期，每个时期讲解三到五首诗，每首诗对应一节课，短诗的讲解大约四分钟，长诗或名诗的讲解则是十几分钟。小学生低年级英语课程的课时安排就不同了，每天一节课，每节课不过两三分钟。

在课程大纲中，还要有吸睛的标题、清晰的模块展示和具体的操作步骤。例如，某矫正体态付费课程，标题为"14天体态矫正计划"，每节课进行一套完整训练，每次训练分为三个板块，分别展示理论指导、动作演练和注意事项。看了这么清晰的内容介绍，观众还没开始上课就会产生"我的体态有救了"的想法。

课程亮点也是大纲的重要内容，即课程的差异化卖点。付费课程多如繁星，想让观众在"众里寻他千百度"后挑中自己，就要有足够闪亮的卖点。亮点阐述文案要用最精简的语言突出课程最大的一两个优势，让观众在竞品对比中发现课程的闪光点。

定价是大纲的关键，会直接影响课程的变现效率。合理的定价需要参考同行，如果课程内容量、含金量等与同行水平不相上下，价格就应与同行保持一致。定价可以根据课程销量进行动态升降，课程不愁卖时提价增收，反之则降价引流。适当、适时优惠可以稳固老粉丝、吸引新粉丝。例如，向粉丝推出在线问答、现场教学等赠送服务，积极参加平台打折活动，或采取套餐折价促销，如一次性购买套餐课程可享受八折优惠等。

7.2.2 文案创作技巧

在付费课程中，以口播类和教程类最有竞争力，它们几乎抢占了付费课程市场的大半江山。口播类适用于通识教育、健康与成长、职业发展、行业动态讲解、美妆等知识与技能类课程。教程类则适用于摄影、厨艺、器械维修、缝纫、工艺品制作等实操类课程。

1. 口播类付费课程文案创作技巧

口播类付费课程类似老师在镜头前讲课，文案就是教案，是创

作者发挥表现力、吸引观众注意力的关键。以下六个技巧可以助力创作者笔下生花。

（1）"黄金前三秒"提精神。付费课程也要利用好开头三秒，争取用最短的时间营造出热烈的学习氛围。具体方式有以下三种。

一是开门见山，直接输出课程主题，让观众快速抓住重点，打起精神学习。例如，某英语培训课程，开头直接甩出"我们今天学习 be 动词的用法"，干净利落，利于观众快速集中精力开始学习。

二是提出问题，让观众直接进入思考状态，学习效率更高。

三是设置悬念，调动观众的学习热情，提升对内容的关切度。

（2）围绕主题讲"干货"。每节课设置的主题尽量不要超过三个，否则课程内容比较松散，会破坏观众对知识或技能学习的体系。观众花钱买课程，为的是学到更多、更深、更有价值的知识或技能，因此每一节课的内容都要有"干货"。例如，有的知识博主为观众提供就业指导时，每一节课都在深刻剖析演示行业动态、市场发展等内容，帮助观众制订职业规划、规避就业风险等，用"干货"信息给予观众指导。

（3）输出见解，给予观众额外收获感。收费课程不仅要向观众传授知识和技能，还要适时输出充满正能量的独到见解，让观众得到更多的收获感。例如，在某高考志愿报考指导课程中，创作者在分析观众的报考志愿及该专业的就业前景时，往往能一针见血地指出其优势和劣势，让观众感到这笔钱花得值。

（4）结合当下，用案例说话。知识要与生活相结合才能变得鲜活、有力量，创作者授课时可以把知识融入当下热点、典型案例中，深入浅出地讲解分析，观众才会学得更加精深透彻。例如，某刑法课程的每节课都有固定的授课模式——"事件或热点＋理论讲解＋案例分析＋总结"，把相应法律知识与人性、道德、生活、社会进行融合，拉近了人与法律的关系，让观众更懂法、会用法。

（5）总结收尾，强化印象。归纳总结式结尾很受创作者的追捧，因为它更容易帮助观众构建知识体系架构，强化记忆。例如，某太极拳课程老师在短视频收尾时总会用两三个词对动作要点进行强调，如"这就是'野马分鬃'，要保持身体舒展，进身干脆，腰身发力"等。

（6）语言风格与内容有机结合。文案语言风格用对了也会给课程内容加分，便于观众正确理解知识深意，对打造作品独特性也很有帮助。例如，古诗词赏析类课程可以根据创作者的偏好打造或诗意或厚重的语风，普通技能类课程则可以根据受众喜好选择或有趣或淳朴的语风。某美妆课程老师在课程中时总会把"小仙女""美女"等称呼挂在嘴边，用轻松灵动的语言让观众不但学会了化妆技术，还获得了情绪价值。

2. 教程类付费课程文案创作技巧

教程类付费课程的重点是实操演练，主要由一段段操作性极强的短视频组成。其文案的任务是解说短视频，并对细节、要点、易

错点等进行提醒和强调。这类课程的文案创作有以下几个技巧。

（1）开门见山。创作者常常在短视频开头就直指问题，同时搭配醒目的文字标题，让观众按需挑选课程进行学习。例如，某手机拍摄课程第一节课的开篇台词是："你还不知道怎么拍出大长腿吗？"

文案需要对短视频中的操作步骤进行逐条讲解，但是只能强调重点和注意事项，不可长篇大论，更不需要拐弯抹角。例如，某名厨教授厨艺的短视频中，镜头始终聚焦在食材和厨师手法上，只有关键时刻画面中才会蹦出几句解说台词，让观众能够聚精会神地学厨艺。

（2）文案语言简单直白。这类短视频的文案语言风格以简单、朴实为主，以免华丽的辞藻影响观众的学习效率。例如，某手工艺短视频创作者开设了一系列编织课程，实用性较强，文字解说通俗易懂，容易让观众沉浸在操作过程中，深切感受传统技艺的精巧别致。

（3）以总结和鼓励为结尾。结尾要将成果清晰地展现出来，并搭配一两句自我肯定或鼓励性的总结话语。例如，"跟我做，你也可以成为雕刻家""美味的佛跳墙，你在自家厨房里也能做出来"等，凸显了课程内容的物超所值，让观众买得开心、学得放心。

7.3 文案吸睛，短视频广告才"吸金"

随着短视频的流行，短视频广告成为广告商们推广产品的不二选择，也成为创作者重要的收入来源。创作者通过与商家建立合作关系，在自己的账号中发布商品广告，就可以获取相应的佣金。他们的合作方式有两种：一是双方通过平台合作，抖音、快手、小红书等平台中都设置了广告接单功能，商家在平台发布广告任务后，创作者可以自行选择任务完成创作，平台则根据广告投放效果和收益按比例支付创作者佣金；二是双方私下直接合作，创作者按照商家要求在短视频中植入广告，商家根据短视频的传播和推广效果向创作者支付费用。

创作短视频广告可以快速变现，部分创作者步入了盲目大量接单的歧途，导致账号品牌形象受损，后期发展也遭遇很大的阻碍。因此，创作者要结合以下三个要素选择短视频广告创作和推广任务。首先，商品类别要与创作者的赛道内容相契合，如此才能让短视频与广告更合拍，达到双赢的效果。其次，广告调性要与作品风格保持一致，这是账号流量得以稳定提升的关键。最后，广告商的推广目标就是创作者的粉丝群体，为了赢得粉丝的青睐和支持，创作者应基于粉丝利益理性挑选正规商家和产品。

目前，各大平台的短视频广告主要分为硬广告、软广告和贴片广告三类，它们有各自不同的文案创作技巧。

7.3.1 硬广告文案创作技巧

硬广告即按照商家要求创作的展现产品特性、增加产品销量的短视频广告。它由于制作成本低廉、传播迅速，目前已经成为短视频广告领域最常见的一种类型。创作者在进行文案创作时要把握以下技巧。

1. 围绕主题出奇招

有创意的广告才能让人挪不开眼睛。只要能表达出广告主题，创作者就可以别出心裁，让文案拥有独特魅力。例如，逆向表达方式，即以打破观众常规思维的方式刺激观众记忆神经，增强观众对商品卖点的印象。某创作者在给一款行李箱做广告时，镜头中却出现了一个坏掉的行李箱，就在观众认为这款行李箱质量不好时，创作者却说："没想到，踩了1388次，终于把它踩坏了！"情节的反转让观众深深记住了这款结实耐用的行李箱。

2. 迎合粉丝，注重接地气

短视频广告的受众就是创作者的粉丝，因此文案要用他们喜欢的语言风格，讲述他们想听的广告干货。例如，某美妆博主为一款卸妆水做广告时，全程都在向"小仙女""女神"们讲述产品"卸得干净""不干燥""不刺激"，而且在同档次产品中价格更优惠，一句"只买好而不贵的卸妆水"成功打动了广大观众。

3. 加入"我"的体验

观众对商品的信任源自对创作者的信任，因此创作者可以亲自上阵，将自己或身边人的切实体验分享给观众。例如，某创作者推销一款剃须刀时，强调自己有个朋友的胡须浓密且长得快，每天都要刮胡子，经常划破皮肤，而使用广告中的剃须刀后，皮肤没有受过伤，讲述具体、言辞真切，获得了观众的信任和支持。

4. 以形象化的描述赋予产品独特个性

我们能记住《水浒传》中的一百单八将，主要是因为他们名字前面的外号增加了形象化的生动描述，如及时雨宋江、青面兽杨志、浪里白条张顺等，将人物特征和姓名相结合，让人记忆深刻。因此，创作者也可以运用形象化描述赋予产品独特个性。例如，某创作者在推广一款吹风机时，反复强调这是"比台风弱一点的吹风机"，将"大风力"印象深深刻在观众的心中。

5. 打造强代入场景

场景化广告凭借高质量的互动体验成为短视频广告圈的新晋宠

儿。场景包括空间环境和情感氛围，将产品推广与场景结合能够释放产品的情感价值，让观众需求在浏览短视频的碎片时间中得到满足，从而勾起其购买欲望。例如，某创作者推广去屑洗发水时，先营造诸多生活场景展示头屑多的烦恼，用共鸣方式搭建沟通渠道，然后趁机推广这款洗发水的去屑功效，让观众的购物防线在毫无防备的情况下被攻破。

6. 同类比较凸显产品优势

很多时候，产品是好是坏，通过对比就会十分明了。例如，某创作者为一款香水做广告时，分别对不同的香水进行嗅觉体验，展现了其他香水的气味太刺鼻或太浓烈，最终将关注点锁定在要推广的香水上，让观众在短视频的引导下感受到了这款香水淡雅清新的特点。

7.3.2 软广告文案创作技巧

软广告是把产品信息经过艺术加工后，巧妙融入短视频内容中，使粉丝在欣赏精彩的非广告内容时了解产品。创作此类短视频广告文案要掌握以下技巧。

1. 真实感至上

广告效果越真实观众越容易掏腰包。创作者想打造真实感较强的广告，就要精准分析、提炼产品特色，并将其与短视频内容进行巧妙紧密融合，使内容传播与产品推广相辅相成。例如，某创作者在拍摄有关薰衣草的短视频时，讲述了这种植物的生长习性和药用价值，提及其对护肤也有一定功效，接着话题顺势转向一款含有薰衣草成分的护肤品，强调这款产品具有收缩毛孔、紧致肌肤的作用，短视频内容与广告衔接流畅，理论依据充实可靠，增强了广告的可信度。

2. 广告文案少而精练

软广告短视频的"主角"是短视频内容，广告只是视频中的一环。广告文案在数量上不可喧宾夺主，只需在点睛之处对商品进行精彩展示即可。例如，某古装偶像剧赛道短视频创作者在拍摄一期短视频时，讲述了男女主角千百年来相依相伴、不离不弃的爱情故事。女主角因为使用了一款抗皱面霜，所以容颜依旧，这款面霜在五分钟的视频中只出现了两次，总计时长不过二十秒，而且文案仅有简短的一句"我不会让你变老"，既没有影响短视频内容的发展，也让观众记住了这款面霜的抗皱功效。

3. 以产品卖点解决观众痛点

能抓住并解决观众痛点的广告才是好广告，创作者要从解决观众痛点的角度出发，将产品卖点深度融入短视频内容。例如，某创作者以美白与爱情为主题，在短视频中讲述了自己寻找美白效果时的种种遭遇，强调了"反弹"的尴尬，直到尝试了某款美白产品，实现了梦想，还收获了甜蜜的爱情。该短视频抓住皮肤黝黑、美白反弹等痛点，顺理成章地推广了该商品，让观众心甘情愿购买该

产品。

4. 挖掘和打造记忆点

精妙的广告语是商品大卖的关键点之一。创作者用心打造短视频文案的同时，也要在产品介绍中挖掘记忆点，精准而巧妙地提炼产品特色，令观众过目不忘。例如，某创作者在短视频中介绍一款洗衣液时，文案只用了三句话，其中"只需一小盖，飘香一星期"这句台词深深抓住观众的记忆点，让观众一提及或看到这款洗衣液就想起它香气持久。

5. 为产品塑造一个角色

由于植入广告在一定程度上影响了短视频的表达，因此创作者想保持短视频的原汁原味，就要尽量赋予产品灵魂，让其在短视频中扮演相应角色，为内容发展穿针引线。例如，某创作者在讲述一段爱情故事时，把洗发水的香气定位为爱情见证者，让已经分手的男女主角在熟悉的香气中追忆曾经的美好，最后两位主人公因这股香气偶遇并再续前缘。观众在观看美好爱情故事的同时，将这款洗发水的香气与爱情的美好回忆联系起来，成功实现了短视频和产品的双重推广效果。

7.3.3 贴片广告文案创作技巧

贴片广告是在短视频的开头或结尾处插播的广告，广告内容或由商家提供，或由创作者自己创作。此类广告文案有以下创作技巧。

1. 有趣有料才招人喜欢

贴片广告看似累赘，但只要内容有趣有料，便不会影响短视频的传播和产品的推广。创作者要尽量将广告内容与短视频内容相关联，让观众爱屋及乌，对产品感兴趣。例如，某短视频创作者在给一款吸尘器做广告时，先展示一段与做家务相关的搞笑内容，调动观众的观看兴趣，然后在短视频末尾处添加自己创作的产品广告，语言风趣有料，动作滑稽，让观众迅速捕捉到这款吸尘器的特点是"吸力大"。

2. 创作者尽量参与到广告中

贴片广告与短视频本不是一体，为了缓解贴片广告的尴尬，提升产品推广效果，创作者要尽量参与到广告中，或出镜介绍产品，或用原声讲述产品特色，以增加互动来获得观众认可。

3. 一个短视频只播放一次贴片广告

广告虽然可以带来收益，但是短视频表达的完整性和美感不容破坏，因此，一个短视频作品中应只播放一次贴片广告，而且要把贴片广告放在片头或片尾，时长也应低于总时长的十分之一。

4. 插播贴片广告要适度

短视频是创作者精心打造的作品，每件作品都展现着创作者的智慧和个性，如果账号中的大部分短视频都插播了贴片广告，势必会影响短视频的质量和创作者在粉丝心中的形象，因此创作者要有选择地插播贴片广告，做到数量少而质量高。

5. 重视广告视听设计

贴片广告的视觉和音效设计直接影响产品推广效果，因此创作者在吸引观众目光的同时，要充分照顾观众的视听体验，做到画面简洁而不简单、音效十足而不杂乱。

7.4 不容忽视的短视频平台补贴

为短视频创作者搭建了展示自我的舞台后，各个短视频平台为激励创作者提高作品产量和质量，每年都会向创作者提供各种各样的补贴。例如，快手的"光合计划"每年向创作者提供大量现金及流量补贴，促使创作者生产了大量高质量作品，为平台争得了更多的观众和流量。

此外，平台还会根据创作者的成长情况为其提供个性化的资金和资源补贴。当作品达到平台相关补贴政策和要求后，创作者即可获得相应的现金奖励、流量扶助或各种资源支持。例如，哔哩哔哩每年都会为产出高质量、好创意作品的创作者提供大量扶持，无论是平台新人还是资深创作者，都能凭实力争抢"蛋糕"；抖音、小红书、微信视频号等短视频平台也会定期或不定期举办各种补贴活动，用真金白银激励创作者生产优质内容，提高平台的竞争力。

平台补贴的内容繁多，能在现金、流量、资源等方面给创作者提供实打实的帮助。但是，各大平台也为每类补贴设置了相应的门槛要求，创作者需要针对各类补贴的要求优化文案，创作出达标作品，才能顺利领取补贴。下面是各类平台补贴对短视频作品的要求及文案创作技巧。

7.4.1 现金补贴对作品的要求及文案创作技巧

现金补贴是平台为激发创作者创作热情、提升作品质量而发放的奖金。随着观众对内容要求的提高，各平台现金激励对作品设置的门槛也随之提高，以下四个文案创作技巧能够帮助创作者争取更多现金奖励。

1. 借助热门话题夺人眼球

热门话题天然具有强大的吸睛性和讨论性，创作者将热门话题融入作品，可以借力提升短视频曝光度，快速扩大传播范围。例如，某健身短视频创作者为获取平台现金奖励，从当时的热点"反手摸肚脐"切入，教观众通过运动燃烧腰腹部脂肪的方法，深受观众追捧。

2. 着力展现作品的独特性

富有独特性和感染力的作品对观众更具吸引力，创作者可以从一个全新的角度表达作品，引导观众进入一个新奇的认知世界；或者从日常生活中找到引发共鸣的痛点等，从个性化角度带观众重新认识生活。某创作者曾在抖音发布具有地方特色的作品，凭借风趣的方言和生动的地方故事，获得了抖音颁发的优秀作品奖，赚到了丰厚的现金补贴。

3. 以观众喜好为内容参考方向

想要获得平台现金奖励的作品必须要得到广泛关注和传播，因此创作者在内容选择和作品表达上要注重观众的喜好。很多创作者经常浏览评论区中粉丝的反馈，从中汲取创作灵感，制作出更加亲近粉丝的作品，人气快速得到提升，成功拿到平台现金奖励。

4. 以平台标准优化文案细节

平台补贴标准也是文案创作的重要参考信息。每个平台都会根据具体要求设置现金补贴政策和评估标准，创作者想拿到奖金，就要让文案紧密贴合这些政策和标准。

7.4.2 流量补贴对作品的要求及文案创作技巧

流量补贴是平台为创作者提供的流量助力，能让作品在短时间内受到关注。它大多针对新作品或优质作品，能够快速提升作品的曝光度，为创作者创造潜在收入。例如，抖音的"十亿流量扶持计划"为年轻创作者铺路，鼓励大家通过作品进行自我展示，为大量创作者提供了爆火的机会。

获得平台流量补贴可以助推作品爆火，但只有富含新意和趣味的作品才有机会获得这种奖励。因此，创作者要尽力打造个性而新颖的文案。以下几个文案创作技巧可助力创作者获得更多流量补贴。

1. 借助推荐算法打造人气文案

推荐算法是大数据时代的产物，各大平台都有自己独特的算法规则，了解这些规则才能创作出更符合大众口味的短视频，也更容易打造爆款作品。例如，创作者可以围绕平台热门话题与标签进行创作，同时创新作品表达形式，让作品拥有更高人气。

2. 主题有新意

观众更乐于观看新颖而独特的内容，他们渴望看到未知的世界，或者已知的事物以新奇的方式表现出来。因此，创作者要在作品主题上勇敢创新、大胆试水，打造富有新意的爆款作品。

3. 加入流行风尚元素

顺应潮流可以让文案创作事半功倍。创作者要密切关注短视频领域的动态，了解时下最热门的作品类型、最流行的表达方式、出现频率最高的词汇等，并巧妙地在作品中注入这些流行风尚。例如，某美妆赛道的创作者原本不温不火，但在蹭了一下"韩式清透妆"的热度，发布了一条有关这种化妆技巧的视频后，一炮而红，获得观众的追捧，由此得到平台额外的流量支持。

4. 充分展示自我风采

短视频平台观众多为年轻人，他们追求自我个性的展示和自我价值的实现，对个性化内容充满兴趣。创作者无论身处哪一赛道，都应该大胆展示自我风采，用才华和个性魅力让更多观众注目。

7.4.3 活动补贴对作品的要求及文案创作技巧

活动补贴是平台为各类活动参与者中的优胜者设置的奖励。为了提升平台发展活力和创作者工作热情，各大平台会根据相应节日、主题等举办各类竞技活动，如主题创作大赛、话题挑战、互动游戏等，并给予表现优异者相应的奖励。

例如，抖音每年都会发起各种话题挑战赛，大量创作者通过参加活动进行自我展示，让作品的曝光度、观众互动性、粉丝黏度等都得到了提升，并分得平台给予的流量或现金补贴。2024年，抖音发起了"心动生活家"活动，并设置了丰厚奖金。相关赛道的达人根据主题创作了一系列优质作品，为广大观众的吃喝玩乐提供了真实而生动的参考。平台根据"心动指数"对参与的作品进行打分，名列前茅者能得到近万元现金奖励，还有机会与平台推荐的商家合作。

参加活动的作品数不胜数，但能争取到较高活动补贴的却是少数。因此，创作者要让文案更有创意、更独特、互动性更强，使作品在激烈的竞争中位列上游。以下几个文案创作技巧可以助力创作者争取到更多平台活动补贴。

1. 以活动主题为创作核心

参与平台活动就相当于参加一场主题作文大赛，文案内容必须紧扣活动主题。例如，2024年抖音发布"看见五峰，遇见美好"短视频征集活动，并设置了丰厚奖金。某创作者围绕展示五峰山风景和人文活动的主题，讲述了一位道德模范的感人故事，并在故事中融入五峰山的美丽景致，获得了广大观众的点赞和转发，最终以大优势拔得头筹。

2.用创意增强作品独特性

独特的作品才会闪闪发光，创作者要让作品在情节设定、表达方式、形象塑造等方面独树一帜，使作品充满创意感。创作者可以大开脑洞，设置各种反转情节，为观众创造意想不到的惊喜；也可以大胆改变传统的抒情、叙述技巧，通过反向表达、侧面表达等方式传递作品内涵；还可以塑造鲜明有趣的个性形象，让自带光环的人物吸引观众目光。

3.用个性表达活动主题

观众关注作品的背后是对创作者个性的欣赏，创作者想赢得更多活动补贴，就要十分个性化地表达活动主题，借助活动热度让自己被更多观众认识和喜爱。

4.设置互动机制

创作者只要在文案中加入少量互动式话语，如"这么晚了还没睡吗""我曾经有着和您一样的烦恼""简直是人间美味，你真的不想来尝一尝吗"等，就能提升观众的参与感，让作品受到更多关注。

7.4.4 资源补贴对作品的要求及文案创作技巧

资源补贴是平台针对各种创作难题给予创作者的资源辅助，如技术扶持、场地提供、设备支持等，为创作者高质量发布作品保驾护航。2024年，快手成功"牵手"浙江横店影视城，为创作者争取了更多拍摄资源。不过，目前大多数平台能够提供的资源都很少，无法满足所有创作者的需求，只有优异者才有机会得到资源补贴。因此，创作者要在视频拍摄和文案创作上更加用心，努力打造更多专业性强、艺术水准高的标杆作品。以下几个文案创作技巧可以让创作者在资源补贴争夺战中更有优势。

1. 选择有重大意义的主题

各大平台对主题严肃而意义重大的作品都会给予相应的资源补贴，以使作品呈现出最美好的样子。创作者可以选择此类作品进行创作，让其在某个领域成为能够引起广泛讨论和深入思考的话题，从而争取平台的重视和资源支持。

2. 内容兼顾专业性和通俗化

在数量有限的情况下，资深短视频达人和各领域的专家才是资源补贴的宠儿。因此，得到补贴的创作者要充分利用资源，让作品在内容打造、效果呈现等方面实现质的提升，彰显专业水平和艺术魅力。短视频因通俗易懂而受到粉丝喜爱，故创作者在提升作品专业性的同时，还要使用通俗的表达方式。

3. 展示资源补贴的作用

为了彰显平台资源对作品的影响,创作者要在文案中适当提及资源补贴给自己的创作带来的各种便利,展示利用资源前后作品的不同之处,并对平台扶助政策表示感谢,由此吸引更多创作者加入争取资源补贴的行列,从而实现创作者能力与平台的共同提升。

4. 体现与资源提供方的合作细节

文案是短视频的创作基础,也是创作者与资源提供方友好合作的执行方案。因此,创作者创作文案时要适当加入与资源提供方的合作执行细节,便于双方在短视频制作中实现高效合作。

7.5 内容出版，名利双收

对短视频创作者来说，将图书内容转换为短视频是一种常规操作，而将短视频反向转换为图书则是近几年才火起来的一种新模式。风靡各大平台的海量短视频中不乏知识性较强的优质作品，其创作者常常将短视频内容加工修改为图书稿件的形式，通过出版获得了不菲的收入和声誉。

创作者将短视频内容梳理整合为符合出版要求的图书稿件后，通过出版社审查批准，然后面向社会发行。这种变现方式让创作者拥有更多推广和获利主动权，创作者可以自行在线上销售图书，并搭配线下的书展、签售会、读者见面会等活动提升知名度，增加图书销量。同时，创作者也可以委托合作出版社进行代销，定期与出版社进行销售额结算。此外，创作者还可以与相关平台合作，将图书内容转化为电子书、有声读物等，然后根据销量或观众点击量与平台计算收入分成。

与短视频不同的是，图书出版的要求颇为严格。这就要求创作者掌握以下创作方法，秉持精益求精的态度认真创作文稿。

1. 以鲜明的主题凝聚文稿内容

无论是素材的取舍、篇章段落的谋划还是文字表达的技巧，只有在主题明确的条件下才能准确恰当。因此，创作者在创作图书文稿之前，要以短视频内容和观众需求为参考，为本书提炼出一个明确的主题，然后据此开展整理短视频内容、查找补充材料等工作。

在写作过程中，创作者要经常对已经完成的内容进行检查，及时修改偏题、跑题的部分，确保所有章节符合图书主题，这样内容才有向心力和可读性。

例如，某儿童教育赛道的达人将自己的短视频作品改编成了图书文稿，创作者以共情妈妈、助力妈妈解决育儿困扰为主题，认真设计篇章结构、润色标题、编排内容，提供许多心理支持和育儿技能指导，指导读者解决育儿过程中的难题。这本书在出版后受到粉丝的追捧，曾一度霸占各平台新书销量冠军的宝座。

2. 图书内容结构要完整清晰

短视频向观众传达的是碎片化知识，而图书向读者传达的是完整的知识体系。因此，创作者在创作文稿时要参考短视频内容构建一套合理的知识系统作为整本书的知识框架。

创作者还应在此基础上制订详细的图书目录结构，包括书名和各章节标题、内容安排等。书名要在紧扣主题的基础上彰显个性；

章节标题要在遵守层级格式要求的同时简洁明了。

例如，某普法赛道的达人将讲述法律的短视频内容整理编辑成书，书中先对法律基础知识、犯罪案例、刑罚等内容进行讲解，然后分别解析每一种犯罪行为的具体表现及量刑依据，让读者系统而又具体地掌握法律知识。

3. 图书内容力求干货多多

图书对内容的丰富性和全面性要求很高，因此创作者应根据需要补充短视频中没有提及的技巧、理念等内容，加入创作者最新的心得感悟等。

例如，某园艺赛道的达人在出书时，就在整理编辑短视频中的花卉养护技巧的基础上，增加了对每一种花卉的详细介绍，包括名称由来、历史趣闻、观赏价值等，让读者在掌握花卉养护技巧的同时学到更多植物知识。

4. 事例应更具"时代感"

图书创作完成的时间晚于短视频，因此为了确保图书内容的与时俱进，创作者要将短视频中较为陈旧的事例换成时下讨论最热烈的、最具代表性的事例，以时代感增强内容说服力。例如，某诗词赏析赛道的达人在出版图书时，把对时下热播古装影片中部分桥段的感悟加入了图书中，便于读者结合生活、艺术和知识深入理解古诗内涵。

5. 升华短视频中的理念

图书内容不能照搬短视频文案，要在其基础上进行优化，并对短视频中的理念进行提炼和升华，使其在满足观众知识需求的同时具有较强的传播价值。因此，创作者平日里要经常阅读经典名著，积极学习著名作家提炼思想理念的方法，提高自己的作品质量。

例如，某昆虫科普达人出版的图书，不但将短视频中的昆虫知识融入其中，还从科学技术、社会学、生物学、历史等方面分析昆虫对人类发展的意义，引发读者深入思考昆虫在地球上的存在价值，正确认识昆虫与人类的关系。